ALBERT EINSTEIN
Veinte días en España

Eloy Calvo Pérez

Albert Einstein Veinte días en España
© Eloy Calvo Pérez
e-mail: eloycalvop@gmail.com
http://tecnicaradiologica-ecp.jimdo.com
Reservados todos los derechos a favor del autor.
Fotografía de Portada: Albert Einstein en 1922
Copyright © The Nobel Foundation
ISBN: 9781693142086
Sello: Independently published

ÍNDICE

Introducción 11

Breve reseña biográfica 17

Ciencia y Política en la España de 1923 29

La preparación del viaje y sus protagonistas 37

La estancia en Barcelona 47

    Llegada a la Ciudad Condal... 47

    Huésped honorable de Barcelona.. 54

    Oposición a la relatividad 58

    Ni revolución ni nacionalismo 64

    Una velada para el recuerdo 67

    Último día entre amigos y admiradores 73

Albert Einstein en Madrid..................................... 81

    La primera conferencia... 82

    Miembro Corresponsal Extranjero de la Academia.. 88

    Té de honor como antesala de la Sociedad Matemática 91

    El encuentro entre dos genios 94

    De turismo en la ciudad de las Tres Culturas 99

    La tercera conferencia 105

    Un 8 de marzo diferente a los actuales 108

    Últimos días en Madrid 113

Zaragoza.- Última etapa del viaje 119

    Primera conferencia y visita de la ciudad 120

    La anécdota de la pizarra 126

    Últimas horas en Zaragoza 130

La visita en la prensa 135

Epílogo 147

Anexo I.- Cronología de la visita. Diario de Einstein............ 151

Anexo II.- Andrés Révész. Una hora con Einstein................. 161

Anexo III.- La oferta de una cátedra a Einstein en 1933. Un sueño que no se hizo realidad 169

Anexo IV.- Un importante esfuerzo económico..................... 179

Bibliografía 187

    Libros y artículos... 187

    Periódicos y Revistas de Barcelona.................................... 190

Periódicos y Revistas de Madrid 191

Periódicos y Revistas de Zaragoza 192

Otros periódicos y revistas 192

Páginas Web 192

Otras fuentes 194

Fotografías 195

A Sofía por sus dos años de vida.
A Eva y Miguel por recorrerlos a su lado.
A Elena por todo el amor que le da.
A Esperanza por la emoción que le produce.

INTRODUCCIÓN

Cosmopolita y viajero, *Albert Einstein* recaló en España, procedente de tierras palestinas, a finales de febrero de 1923.

Barcelona, Madrid y Zaragoza, por este orden, fueron las tres ciudades que tuvieron el honor de contar con su presencia.

Otras lo intentaron aunque con peor fortuna. La Junta de Cultura Vasca dirigió una invitación al científico alemán y otra invitación similar tuvo su origen en la ciudad de Valencia. En ambos casos, la respuesta de *Einstein* fue negativa.

El físico alemán pasó tres semanas en nuestro país, acompañado por su segunda esposa, *Elsa*, y, aunque la duración de la estancia en cada una de las ciudades visitadas fue muy desigual, el plan del viaje fue similar en todas ellas: impartir una serie de conferencias, cuyo eje central lo constituía la relatividad, y visitar los monumentos más importantes de las localidades citadas y, cuando fue posible, de sus alrededores.

El viaje tuvo lugar en un momento en el que la cultura y la ciencia españolas comenzaban a salir de las sombras apoyadas en un pilar tan importante como era la *Junta de Ampliación de Estudios*, presidida por Santiago Ramón y Cajal.

Además, un nutrido grupo de matemáticos, físicos, ingenieros y filósofos –Rey Pastor, Blas Cabrera, Esteve Terradas, García Morente, Ortega y Gasset– constituían un importante nexo de unión entre la ciencia alemana y los centros españoles en los que estos desarrollaban sus labores docentes e investigadoras. Y ello fue determinante para que la visita tuviera lugar.

Desde el otro punto de vista "físico" el viaje hubo de resultar agotador. Bastaría, para asegurarlo, hacer un recuento de las numerosas conferencias, entrevistas, reuniones privadas, homenajes y otros actos en los que *Einstein* participó. Más, si cabe, si se tiene en cuenta que España era el punto final de un viaje que había comenzado varios meses antes, en octubre de 1922.

Al igual que había ocurrido durante el primer viaje de *Marie Curie* a nuestro país, la asistencia a las conferencia dictadas por *Einstein* superó con creces la previsión de los organizadores y, de igual manera que en aquella otra visita, los periódicos dieron cuenta puntualmente de todos y cada uno de los actos en los que el físico alemán participó.

En el escueto diario en el que *Albert Einstein* realizó algunas anotaciones sobre el viaje, además de mencionar las agradables recepciones de que fue objeto en cada una de las ciudades y tildar de atento al auditorio de sus conferencias –a pesar de que según sus propias palabras *"seguramente no comprendió nada"*–, dejó entrever el entusiasmo que le proporcionó visitar el Museo del Prado y tener la oportunidad de admirar a Velázquez, Goya, Rafael o Fra Angélico. Tampoco ocultó la honda impresión que se llevó de su visita a Toledo.

Durante su estancia en Madrid, en un cuidadísimo acto protocolario, la Academia de Ciencias le incluyó entre sus miembros. El evento, que fue presidido por el rey Alfonso XIII, contó, como era natural, con la presencia de destacados miembros de la ciencia española. Pero el principal interés del mismo fue el intercambio de discursos entre el insigne físico Blas Cabrera –uno de los primeros españoles en entender y hacer propio el significado de la relatividad– y el homenajeado.

Einstein y Cabrera. Madrid, marzo de 1923

Estas fueron las últimas palabras que, en nombre de los científicos españoles, el físico canario dirigió a su colega alemán:

"Reconocemos nuestra deuda para con la humanidad y nuestro anhelo es llegar pronto a saldarla. Yo os lo afirmo en nombre de las generaciones presentes y de un futuro inmediato. Sois aún joven. Espero que al final de vuestra vida, que será también el de mi generación, la España científica, que hoy apenas encontráis en embrión, haya llegado al lugar que tiene el inexcusable deber de ocupar. Así al menos pensamos aquellos para quienes el optimismo es una virtud motora del progreso".

Albert Einstein afirmaba de sí mismo que *"no tenía talentos especiales, sino que era apasionadamente curioso".* Nada más lejos de la realidad. Sus palabras encierran una verdad a medias. No sólo fue inteligente y brillante; fue, también, una persona tremendamente compleja y controvertida.

Tal vez por ello sea uno de los seres humanos al respecto del cual más se ha escrito. Sus teorías físicas, sus planteamientos filosóficos, sus posiciones pacifistas, sus concepciones sionistas, su aspecto e indumentaria, sus costumbres y absolutamente todo el *"universo Einstein"* ha sido minuciosamente diseccionado desde todos los puntos de vista.

Así se expresaba el físico *Stephen Hawking* en un artículo en la revista *Time* con ocasión del nombramiento de *Einstein* como "Personaje del Siglo XX" por esta popular revista:

"El mundo ha cambiado mucho más en los últimos cien años que en cualquier otro siglo en la historia. La razón no es política ni económica, sino tecnológica; tecnologías que surgieron directamente de los avances en la ciencia básica, y está claro que ningún científico representa mejor esos avances que Albert Einstein".

Walter Isaacson, biógrafo de *Einstein* y editor de *Time*, justificaba de esta manera la elección:

"Es difícil comparar la influencia de políticos con la de científicos. Sin embargo, nos damos cuenta de que existen algunas épocas que fueron definidas especialmente por sus políticas, otras por su cultura y otras por sus avances científicos.

(...) ¿Y cómo será recordado el siglo XX? Por su democracia, sí. Y también por los derechos civiles.

Pero el siglo XX será recordado sobre todo, al igual que el XVII, por sus estremecedores avances en ciencia y tecnología".

Las palabras de *Paul Johnson* en su obra *Tiempos Modernos: La Historia del Siglo XX desde 1917 hasta nuestros días* sirven de complemento a la idea expresada por *Isaacson*:

"El genio científico afecta a la humanidad, para bien o para mal, mucho más que cualquier político o señor de la guerra".

Y este otro comentario, con toda seguridad sorprendente para muchos, lo hacía el Nobel de Física *Max Born*, bastantes años antes:

"Einstein habría sido uno de los más grandes físicos teóricos de todos los tiempos incluso si no hubiera escrito una sola línea sobre la teoría de la relatividad".

Born debía estar pensando en las revolucionarias concepciones de *Einstein* sobre la radiación electromagnética y su explicación cuántica del efecto fotoeléctrico.

En las páginas que vendrán a continuación el lector no va a encontrar la relatividad ni las claves para su entendimiento. Tampoco la explicación del movimiento browniano ni la formulación del efecto fotoeléctrico que supusieron para *Einstein* la concesión del *Nobel* de Física de 1921. Ni siquiera un análisis de los principios éticos y filosóficos que rigieron la vida de *Albert Einstein*.

Para ello tendrá que recurrir a la multitud de libros especializados en los que sus autores han profundizado no sólo en esos temas sino en otros muchos, como su relación con la física cuántica o las enfermedades que padeció y la relación con los médicos que le atendieron, por poner sólo algunos ejemplos.

El objetivo de este libro es, sin duda, mucho más modesto: sistematizar la visita que nuestro protagonista realizó en 1923 a las tres ciudades españolas mencionadas.

Será un relato histórico, documentado y veraz que buscará el equilibrio entre los actos académicos y aquellos otros, de carácter más lúdico, que completaron la agenda del viaje.

Y todo ello encuadrado en el momento político y científico-cultural en el que tuvo lugar y sin pasar por alto el tratamiento que la prensa dedicó al evento, dada la polvareda mediática que la visita levantó.

Al final del texto se incluirán cuatro pequeños anexos. Basándose en la cronología del viaje, el primero comparará los actos que se organizaron en honor de *Einstein* con el diario que el físico alemán escribió durante el mismo. Se trataría de un simple ejercicio, sin pretensión científica alguna, que a partir de lo escrito y de lo no escrito podría demostrar, por ejemplo, que no todos los actos que se organizan en honor de las grandes celebridades tienen para estos el mismo valor. De hecho, si nos fiáramos de lo no escrito podríamos llegar a la conclusión, errónea tal vez, de que algunos de esos actos no interesan, en absoluto, a aquellos a los que van dirigidos.

El segundo de los anexos incluirá la única y corta entrevista que *Einstein* concedió durante su visita a España. Tuvo lugar durante el viaje de Barcelona a Madrid, en el trayecto desde Guadalajara a la capital de España, y fue realizada por el periodista de *ABC* Andrés Révész, aunque posteriormente fue difundida por varios diarios. En ella el periodista interroga al profesor alemán sobre algunos detalles de su vida, sus aficiones y sus ideas políticas.

Un tercer anexo nos acercará, de la mano de José María Sánchez Ron y de *Thomas F. Glick*, a la oferta que recibió *Einstein* en 1933 para dirigir una cátedra en la Universidad de Madrid.

Por último, de manera sucinta y con la ayuda de la escasa documentación que existe, comentaremos el importante esfuerzo económico que tuvieron que hacer las instituciones públicas que costearon el viaje de *Einstein* a nuestro país, para que este pudiera realizarse.

Si al final del recorrido la lectura del libro mereciera algún elogio este debería recaer en aquellas personas que, gracias a su labor investigadora y por medio de sus libros y artículos, me han permitido hilar toda la historia. Muy especialmente en *Thomas F. Glick*, José Manuel Sánchez Ron, Antonio Roca Rosell, Emma Sallent del Colombo, Carlos Elías y Pablo Soler Ferrán. Gracias a todos ellos.

Si, por el contrario, la lectura resultara anodina o carente de interés la responsabilidad será, sólo, de quien estas líneas escribe pues puedo asegurarles que las fuentes de los autores citados son, si se me permite la metáfora, "manantiales de agua cristalina y pura".

¡Beban de ellos!

BREVE RESEÑA BIOGRÁFICA DEL PERSONAJE

Varón de color blanco, complexión media, ojos marrones, cabellos grises, de 5 pies y 7 pulgadas de estatura y 175 libras de peso. De esta manera describía el certificado de naturalización como ciudadano estadounidense al único físico que logró, en vida, una popularidad comparable a la que, en su época, alcanzó *Isaac Newton*.

Albert Einstein fue, sin ningún género de dudas, un personaje muy peculiar, enigmático como nadie y de gustos sencillos. Su delectación por los macarrones o las lentejas, su vestir desaliñado e informal, su pipa o su habano, su pasión por la música y los paseos en barca, y su rechazo frontal a todo tipo de fiestas y celebraciones forman parte de la "iconografía" que mejor representa a este sabio universal.

La difusión de la figura de *Einstein* es de tal magnitud que cuando se introduce su nombre en el más famoso de los buscadores de Internet aparecen 178.000.000 de resultados en tan sólo 0,48 segundos. Esta mínima fracción de tiempo nos permite acercarnos al día a día de la persona que, con sus asombrosas teorías, hizo tambalearse, en un abrir y cerrar de ojos, toda la física clásica.

Lo que hizo y lo que dejó de hacer, sus gustos y sus fobias, los planteamientos políticos y sociales que defendió y los que se le atribuyeron, incluso sin siquiera plantearlos, han elevado su figura por encima incluso de su verdadera dimensión como hombre de ciencia. Hecho, este, que él siempre lamentó: "*Me veo como una especie de rey Midas pero con la diferencia de que, a mi alrededor, no todo se convierte en oro sino en una especie de circo*".

Cualquiera que se acerque a su biografía comprobará, también, que fue un gran viajero y, por ende, un gran cosmopolita. Prueba de ello fueron, sin duda, la colección de pasaportes que atesoró a lo largo de su vida: ciudadano prusiano perteneciente al Reino de Wurtemberg desde 1879, fecha de su nacimiento, hasta 1896; apátrida desde esa fecha hasta 1901, año en el que obtendría la nacionalidad suiza y que mantendría hasta el día de su muerte; austrohúngaro a partir de 1911; ciudadano de la República de Weimar de 1920 a 1933, y estadounidense a partir de 1940, siete años después de que se trasladara a este país huyendo del nazismo.

Pasaporte suizo de Einstein en junio de 1923

Einstein tuvo dos pasiones, la ciencia y la música. Pero tampoco resultaría descabellado decir la música y la ciencia. Tal vez nunca lo expresó de esta manera pero, sin duda, uno de sus grandes sueños habría sido componer como *Mozart*, *Bach*, *Schubert*, *Vivaldi*, *Corelli* o *Scarlatti*, sus músicos preferidos. Por eso, cada vez que tenía oportunidad, aprovechaba para interpretar piezas de estos maestros con la ayuda de "*Lina*", el violín que siempre lo acompañaba en sus viajes y que aprendió a tocar cuando tenía, tan sólo, seis años.

Al decir de su abuela materna, *Albert Einstein* nació bastante gordo, con una enorme cabeza y una cierta deformidad corporal. El alumbramiento tuvo lugar en la ciudad de Ulm, situada en el sur de Alemania al lado del Danubio, en el seno de una familia judía –que no ocultaba su judaísmo pero que tampoco era especialmente observante de sus tradiciones– formada por un industrial electroquímico, *Hermann Einstein*, y un "ama de casa", *Pauline Koch*, con una elevadísima formación musical.

Su hablar tardío, sus dificultades para expresarse durante la infancia y su retraimiento en las relaciones con otros niños no presagiaban, en absoluto, el adulto en el que llegaría a convertirse. De esa época escribiría años más tarde:

"Como alumno no era ni bueno ni malo. Mi principal debilidad era mi escasa memoria para las palabras y los textos. En matemáticas y física estaba, gracias al estudio que hice por mi cuenta, muy por encima del nivel del colegio".

Albert Einstein a los 14 años

Fracasado el negocio familiar sus padres buscaron fortuna en Italia y el joven *Albert*, quien en principio había permanecido en Múnich para finalizar sus estudios secundarios y realizar el servicio militar, pronto siguió sus pasos: ni soportaba la rigidez del sistema escolar prusiano ni tenía intención alguna de dedicar su tiempo al ejército, del que logró librarse por tener los pies planos y presentar varices.

Tras una breve estancia en el domicilio familiar consiguió, después de un primer intento fallido, ingresar en la prestigiosa Escuela Politécnica Federal de Zurich (*ETH*) con la intención de completar los estudios que le permitieran continuar con la industria que su familia había conseguido reflotar en tierras italianas.

Pero su familia sufriría una decepción al escuchar de boca de su hijo que su interés estaba centrado en titularse como profesor de matemáticas y física.

Seguramente, la misma decepción que sufriría él mismo cuando, una y otra vez, veía como sus esfuerzos por conseguir una ayudantía en diversas universidades chocaban contra un muro. Afortunadamente para él, cuando en 1902 obtuvo un empleo en la Oficina de Patentes de Berna su "sed de enseñante" había sido parcialmente saciada tras el desempeño de varios puestos interinos en institutos de enseñanza secundaria.

Permaneció siete años en Berna y fue en este periodo cuando sentó las bases de una "nueva física".

Efectivamente, en 1905 –su *annus mirabilis*–, siendo un auténtico desconocido en el mundo de la ciencia, enunció la *Teoría de la Relatividad Especial*. Esta vio la luz a través de seis artículos publicados en *Annalen der Physik* y en ella planteaba que el tiempo, que hasta ese momento se había dado por sentado que se trataba de una constante, era, en realidad, una variable. Pero no sólo el tiempo; también el espacio. Y, además, ambos dependían de la velocidad.

El empleado de la Oficina de Patentes de Berna acababa de convulsionar el universo de la física. A partir de ese momento las discusiones sobre tan osada teoría no cesarían. Y a los físicos y matemáticos se unirían después los filósofos, pues la teoría de *Einstein* eliminaba la posibilidad de un espacio-tiempo absoluto.

De Berna se trasladó a Zurich. Durante esos años había contraído matrimonio con *Mileva Maric* y había tenido dos hijos, *Lieserl*, una hembra que moriría de niña y un varón, *Hans Albert*. Ya en Zurich, en cuya Universidad ejerció de profesor asociado de física teórica, se produciría el nacimiento del segundo de sus hijos varones, *Eduard*.

Zurich, Praga y Zurich de nuevo. Por fin, un destino a su gusto al conseguir acceder como profesor asociado a la renombrada Escuela Politécnica. A su gusto pero efímero pues recibió una oferta que no pudo rechazar.

Efectivamente, en 1913, poco antes del comienzo de la Gran Guerra y a propuesta de *Max Planck* y *Walther Nernst*, fue nombrado miembro de la Academia Prusiana de Ciencias y profesor, sin obligaciones docentes, de la Universidad de Berlín. Unos años después, el emperador Guillermo le ofrecería la dirección del *Instituto Kaiser Wilhelm de Física*.

Albert Einstein y su primera esposa Mileva Maric en 1912

Einstein permaneció en la capital alemana diecisiete años y sería precisamente allí, dos años después de su llegada, donde vería la luz la *Teoría de la Relatividad General*, una vez comprobado que la teoría clásica de la gravitación era incompatible con la relatividad especial. Ello le llevó a enunciar una teoría relativista de la gravitación que incluyera la teoría newtoniana, por una parte, y la relatividad especial, por otra.

En esta nueva teoría desaparecía la noción de gravedad, en la manera en que hasta ese momento había sido entendida, y aparecía un nuevo concepto, desde luego mucho más misterioso y sugerente: la curvatura espacio-tiempo.

En esa nueva formulación, la gravedad ya no era una "fuerza real" sino que se convertía en un "efecto aparente" de la curvatura del espacio-tiempo.

El diario británico *The Times*, en 1919, definió a *Einstein* como "el nuevo *Newton*". Fue el año en el que alcanzó el esplendor que ya no le abandonaría a lo largo de su vida y la causa fue la confirmación, a partir de las observaciones de un eclipse solar, de las predicciones que él mismo había formulado acerca de la curvatura de la luz.

Fue el 6 de noviembre de 1919 cuando los astrónomos ingleses en una reunión conjunta de la *Royal Astronomical Society* y la *Royal Society* anunciaron que las observaciones del eclipse habían confirmado la predicción de *Einstein*, en consonancia con su teoría general de la relatividad, de que los rayos de luz al pasar por la proximidad de una gran masa serían desviados por la fuerza de la gravedad.

El día después de conocerse los resultados del eclipse el diario británico publicaba estos titulares:

"*Revolución en ciencia. Nueva Teoría del Universo. Ideas newtonianas desbancadas*".

Hay una anécdota muy famosa que explica la manera de proceder de *Albert Einstein*. Era bien sabido que el físico alemán en lugar de partir de una ley general, resultante de la observación de hechos experimentales, procedía a formular una teoría para descubrir a posteriori si los hechos se ajustaban o no a ella.

Pues bien, el 27 de septiembre de 1919, el físico holandés *Lorentz* le envió un telegrama en el que le anunciaba la confirmación experimental de su teoría: "*Ya sabía yo que la teoría era correcta*", fue el comentario de *Einstein*.

Preguntado sobre qué es lo que habría ocurrido si los resultados hubieran sido negativos, respondió: "*Entonces lo sentiría por el buen Dios; la teoría es correcta*".

Existe un consenso general al respecto de que las teorías de la relatividad y la mecánica cuántica han sido dos de los grandes pilares de la física del siglo XX pero, al margen de lo que una y otra expresan, existen entre ellas dos diferencias reseñables.

Mientras que la mecánica cuántica fue un trabajo colectivo (*Bohr, de Broglie, Heisenberg, Schrödinger, Pauli...*), la relatividad fue el trabajo, en exclusiva, de un solo hombre. Y así como la mecánica cuántica nació como respuesta a unos resultados experimentales imposibles de explicar aplicando la lógica newtoniana, la teoría de *Einstein* obedeció únicamente a planteamientos teóricos.

Bohr y *Einstein* se conocieron en 1920 y a pesar de sus "desavenencias cuánticas" entablaron una buena relación personal y científica. *Einstein* era reacio a renunciar a los conceptos clásicos de continuidad y causalidad y la mecánica cuántica llegó a convertirse en una obsesión, como él mismo reconoció: "*He pensado cien veces más sobre los problemas cuánticos que sobre la teoría de la relatividad*".

La relatividad convulsionó los cimientos de la física y contó, desde el primer momento, con acérrimos defensores pero también con furibundos enemigos. Y si a los hombres de ciencia les costaba entenderla, qué decir del hombre de la calle.

Se dice que en cierta ocasión un periodista pidió a *Einstein* que le explicara su teoría de forma que cualquiera pudiera comprenderla. Este respondió, a su vez, que si el periodista sería capaz de explicarle a él cómo se freía un huevo. Con extrañeza, el periodista le contestó afirmativamente. El físico alemán no se lo puso fácil: "*Bueno, pero hágalo imaginando que yo no sé lo que es un huevo, ni una sartén, ni el aceite, ni el fuego*".

Einstein en la Universidad de Berlín en 1920

Si dejamos a un lado sus avatares familiares –divorcio, enfermedad y muerte de su madre, nuevo matrimonio con una prima suya, enfermedad de uno de sus hijos– podría decirse que el viento soplaba a su favor.

Y una de las primeras muestras de ello fue el Nobel de Física, que se le concedió en 1921 por sus trabajos sobre el movimiento browniano y su interpretación del efecto fotoeléctrico y no por la relatividad como mucha gente, erróneamente, cree.

Su nombre había sonado con anterioridad hasta en ocho ocasiones. La novena fue la buena pero *Einstein*, seguramente molesto con la Academia sueca por el retraso que esta había mostrado en ofrecerle su reconocimiento, no acudió a recoger la medalla. En lugar de dejar libre su agenda para diciembre de 1922 –fecha de entrega de los premios– partió para Asia en lo que sería el comienzo de la gira que terminaría trayéndole a España.

Foto oficial del Premio Nobel

Suecia hubo de esperar hasta julio de 1923. *Einstein* pronunció entonces su discurso de aceptación del premio pero con la personalidad que le caracterizaba habló de la relatividad y no del efecto fotoeléctrico. Fue su manera particular de vengarse de aquellos que habían considerado su teoría carente de pruebas experimentales que la ratificasen.

Pero no siempre el viento sopló de cara. Su celebridad y sus demostradas aportaciones en los campos de la física y las matemáticas no pudieron impedir el nacimiento de la que se denominó *física aria* en contraposición a "las falsas ideas de la física judía".

Físicos de ideología nacional socialista, algunos tan importantes como los Nobel *Johannes Stark* y *Philipp Lenard*, capitanearon incendiarias campañas contra él y sus teorías.

En el libro *Hundert Autoren Gegen Einstein* ("Cien autores en contra de *Einstein*"), publicado en Leipzig en 1931, se recogían las opiniones de cien científicos en un intento de desprestigiarlo.

Preguntado al respecto, *Einstein* no dudó en responder: *"¿Por qué cien? Si realmente estuviese equivocado con uno habría sido suficiente"*.

Philipp Lenard en 1905-1906

No se doblegó al acoso al que fue sometido por el nazismo y antisemitismo pero, harto del mismo, en 1933 abandonó Europa con destino a Estados Unidos fijando su residencia en Princeton. No hizo sino llevar a la práctica una de sus convicciones más profundas:

"Mientras tenga libertad de elección, sólo permaneceré en un Estado cuyas libertades políticas, tolerancia e igualdad de los ciudada-

nos ante la ley sea la norma...tales condiciones no existen actualmente en Alemania".

A pesar de su agradecimiento al pueblo americano, nunca se sintió cómodo en su nuevo país. Añoraba su vida en Suiza y siempre recibió con agrado a cualquiera que pudiera recordarle a aquel país y a lo que en él había vivido.

Su declarado pacifismo y su defensa del internacionalismo y del socialismo democrático no lograron evitar uno de los "sambenitos" que algunos le colgaron y que le acompañaría el resto de su vida: la paternidad compartida de la bomba atómica, a pesar de que él nunca participó en las investigaciones del *Proyecto Manhattan*. De hecho, tras el lanzamiento de las bombas sobre Hiroshima y Nagasaki, fue uno de los científicos que abogó por el uso pacífico de la energía nuclear.

De esta manera se expresaba en 1950:

"Mi participación en el proceso que culminó en la producción de la bomba atómica se redujo a una sola acción: firmé una carta dirigida al presidente Roosevelt en la que pedía que se realizaran experimentos en gran escala para explorar las posibilidades de producir una bomba atómica.

He sido siempre consciente del peligro tremendo que representaba para la humanidad un éxito en ese campo. Sin embargo, la posibilidad de que los alemanes estuvieran trabajando en el mismo problema, con fuertes perspectivas de resolverlo, me forzó a dar ese paso. No tenía otra alternativa, a pesar de que he sido siempre un pacifista convencido. Según mi criterio, matar en guerra equivale a cometer un asesinato común.

En tanto que las naciones no se resuelvan a eliminar la guerra mediante una acción común y no intenten solucionar sus conflictos y proteger sus intereses con decisiones pacíficas que posean una base legal, se sentirán impulsadas a prepararse para la guerra".

Albert Einstein que siempre tuvo una concepción del judaísmo bastante personal –*"creo en el Dios de Espinoza que se manifiesta en la armonía ordenada de todo lo que existe, no en un Dios que se preocupa del destino y las acciones de los seres humanos"*– estuvo siempre comprometido con la causa sionista. De hecho, si hubiera aceptado, podría habría llegado a ser Presidente del Estado de Israel, circunstancia que muchas personas desconocen. Eso ocurrió a finales de 1952 cuando el primer ministro israelí *David Ben Gurion* le propuso sustituir al difunto *Chaim Weizmann*.

Su respuesta negativa a tan honrosa proposición se sintetiza en estas palabras:

"Estoy triste y avergonzado de que me sea imposible aceptar este ofrecimiento.

(...)Esta situación me acongoja aún más porque mi relación con el pueblo judío ha llegado a constituir para mí la obligación humana más poderosa desde que adquirí la conciencia plena de nuestra difícil situación entre los otros pueblos.

(...)Deseo de todo corazón que encuentren un presidente que por su historia y su carácter pueda aceptar responsablemente esta difícil tarea".

Poco más de dos años después, el 18 de abril de 1955, *Albert Einstein* fallecía en Princeton tras no quererse operar de un aneurisma de la aorta abdominal que terminó reventándose.

No tuvo funeral, sus cenizas fueron esparcidas sin desvelar el lugar donde el hecho tuvo lugar y ninguna placa conmemorativa ofrece indicio alguno sobre la casa que le dio cobijo. Esos fueron sus deseos y así fueron cumplidos.

Dos días antes de su muerte había firmado un manifiesto contra la guerra –dirigido a todos los científicos del mundo– promovido por el filósofo y pacifista *Bertrand Russell* y que sería el punto de partida de las *Conferencias Pugwash* que todavía siguen celebrándose.

El manifiesto *Russell-Einstein*, nombre con el que ha pasado a la historia, formulaba esta pregunta:

"¿Vamos a poner fin a la raza humana o renunciará la Humanidad a la guerra?".

Sobre la mesilla de la habitación del hospital en el que falleció reposaba el borrador del discurso que tenía previsto leer con motivo del séptimo aniversario de la creación del Estado de Israel y que, con absoluta seguridad, habrían escuchado millones de ciudadanos israelíes.

Comenzaba así: *"Hoy les hablo no como ciudadano estadounidense, ni tampoco como judío, sino como ser humano".*

Han transcurrido sesenta y cuatro años desde su muerte y muchos de los problemas que él no pudo resolver marcan, aún hoy, la frontera del conocimiento.

Tal vez por ello, y porque hoy en día asistimos a una creciente trivialización del conocimiento y la cultura, sea bueno recordar lo que *Einstein* afirmó pocos años antes de morir:

"Sólo hay unas cuantas personas ilustradas con una mente lúcida y un buen estilo en cada siglo. Lo que nos ha quedado de su obra es uno de los tesoros más preciados de la humanidad...No hay nada mejor para superar la presuntuosidad modernista".

Einstein en el Museo de las Ciencias de Granada
Obra de Miguel Barranco López

CIENCIA Y POLÍTICA EN LA ESPAÑA DE 1923

Son muchos los que opinan que la visita de *Albert Einstein* a nuestro país en 1923 significó no sólo la entrada de la ciencia española en la orbe internacional y la modernidad sino también, y lo que fue más importante, el reconocimiento de nuestra ciencia por las instituciones científicas internacionales.

Conviene recordar que el viaje tuvo lugar en un momento en el que, en España, el debate sobre la importancia de la ciencia estaba en plena ebullición y, en él, no todos los intelectuales se posicionaban de la misma manera.

Santiago Ramón y Cajal, Blas Cabrera y Miguel de Unamuno, contemporáneos de *Einstein*, pueden servirnos de ejemplo. Si bien los dos primeros consideraban que durante el siglo XIX España había perdido el tren del progreso y que para retomarlo había que hacer un esfuerzo importante, el humanista y escritor Don Miguel de Unamuno –con su famosa frase "que inventen ellos"– era de los que opinaban que la ciencia había sido, y debía seguir siendo, patrimonio de la cultura anglosajona y que la cultura latina, de mayor tradición humanística, debía de apostar por "*los muy nobles oficios del arte y la literatura*".

El viaje de *Einstein* a España tuvo lugar en un momento en el que existía una violenta dialéctica entre revolución y contrarrevolución representadas, respectivamente, por los intereses revolucionarios de los trabajadores, exultantes tras el triunfo de la revolución rusa de 1917, y los de la burguesía, surgida en parte gracias a la relativa estabilidad política que había conseguido la restauración borbónica, a partir de 1875.

Al inicio del último cuarto del siglo XIX, la restauración vino a poner orden a la situación caótica que se había vivido en los seis o siete años anteriores en los que a un hecho inestable –destronamiento de Isabel II, régimen provisional, regencia, rey extranjero, república federativa, guerra carlista– le sucedía otro sin solución de continuidad.

Satisfechos unos, resignados otros, todos entendieron que en ese momento era la única salida posible a los problemas del país.

Si algo caracterizó a la época de la restauración fue el denominado *turnismo*. Se trataba, simple y llanamente, de la alternancia en el poder de los dos partidos políticos más importantes, el conservador liderado por Cánovas del Castillo y el liberal, encabezado por Sagasta.

Se trataba, sí, de una alternancia, pero de una alternancia pactada: acabado el mandato de un partido se iniciaba el del partido contrincante. Daba igual que hubiera elecciones. Los votos se compraban y los resultados, si era necesario, se amañaban. De ello se encargaban los gobernadores civiles.

Práxedes Mateo Sagasta y Antonio Cánovas del Castillo

Esta alternancia, a pesar de la corrupción que la sostenía, dio estabilidad al país hasta el final del siglo. Y será en este final de siglo cuando se produzca el fallecimiento de los más importantes estrategas de la restauración y se constate que sus sustitutos, el conservador Maura y el liberal Canalejas, no poseían el mismo carisma que sus predecesores en el cargo.

De hecho, a partir de 1917 los dos partidos mayoritarios, conservador y liberal, no serán sino una sombra del pasado. La alternancia en el poder dará paso, entonces, a los gobiernos de concentración en los que participarán todos los partidos del espectro político. Ya no serán conservadores o liberales, sino mauristas, datistas, prietistas o romanonistas, por Maura, Dato, García Prieto o Romanones. De ahí, el término *fulanismo* acuñado por los historiadores.

A partir de 1913, tras el gobierno de José Canalejas que duró casi tres años, los gobiernos serán cada vez más débiles. Entre 1917 y 1923 su duración media fue de seis meses.

A comienzos del año 1923, dos meses antes de que *Albert Einstein* pusiera pie en Barcelona, la deuda pública en España alcanzaba la nada despreciable cifra de 16.000 millones de pesetas, los conflictos sociales se multiplicaban día a día y los atentados de todo tipo formaban parte del paisaje urbano de las grandes ciudades.

La inestabilidad política iba en aumento. Si *Einstein* hubiera retrasado su viaje un par de meses habría sido testigo de excepción de unas nuevas elecciones generales: las celebradas el 29 de abril de 1923.

Y si hubiera permanecido en España, durante otros seis meses, habría visto como el monarca que se reunió con él, y junto al que apareció en la portada del diario *ABC* del día 6 de marzo, daba una "patada" a la Constitución de 1876 y permitía la dictadura militar del general Primo de Rivera.

Un hecho acontecido durante la restauración borbónica tendría, a la postre, una enorme importancia en el desarrollo que la ciencia y la cultura españolas experimentarían durante el primer tercio del siglo XX, la llamada *Edad de plata de la ciencia y las letras españolas*. Me estoy refiriendo al enfrentamiento ideológico entre el gobierno conservador de Cánovas y un importante número de intelectuales liberales que defendían la libertad de cátedra y se negaban a ajustar sus enseñanzas a cualquier dogma político, religioso o moral.

Como consecuencia de esa pugna ideológica varios profesores fueron expulsados de sus cátedras. Entre ellos Francisco Giner de los Ríos quien, junto a otros catedráticos expedientados, acabaría creando en 1876 la *Institución Libre de Enseñanza* (ILE), organismo privado y laico que funcionó, primero, como universidad y, posteriormente, como centro de enseñanza secundaria y primaria y que llegó a alcanzar un nivel científico y cultural verdaderamente notable.

El proyecto educativo que representaba la ILE fue secundado por la mayor parte de los intelectuales comprometidos en la renovación educativa, cultural y social del país. Entre ellos, personalidades de la talla de Joaquín Costa, Leopoldo Alas, Gregorio Marañón, José Ortega y Gasset, Antonio Machado, Joaquín Sorolla, Ramón Menéndez Pidal y Santiago Ramón y Cajal, pertenecientes a distintas ramas del conocimiento y la cultura.

Francisco Giner de los Ríos

Hacia 1900, coincidiendo con el cambio de siglo, se produjo otro hecho que habría de tener a partir de ese momento una importancia vital en el desarrollo de la ciencia en España.

Si hasta esos años el criterio oficial había sido que ciencia y religión debían ir de la mano de manera que los elementos discordantes –por ejemplo, el darwinismo– debían ser combatidos, a partir de esa fecha hubo un consenso para discutir las ideas científicas de una manera más abierta en consonancia con el objetivo de fomentar la modernización del país.

El primer ejemplo de ese "aperturismo" en la recepción de nuevas ideas se produjo con la teoría de la relatividad. Si la discusión sobre el darwinismo había ido asociado a posicionamientos políticos y religiosos no ocurrió lo mismo con la relatividad. Hubo sectores católicos ortodoxos contrarios a la relatividad pero también los hubo a favor de ella.

Y lo mismo ocurrió desde el punto de vista de la ideología política. A diferencia de lo que ocurrió en Francia o Alemania, en nuestro país tanto en la derecha como en la izquierda política hubo quien defendió y quien combatió esta nueva teoría física.

En lo que se refiere al proceso de recepción de la relatividad en España hubo varias etapas. Se produjo en primer lugar una fase de introducción; a continuación, otra de difusión en la comunidad científica y, posteriormente, una tercera de divulgación popular, por un lado, y de interpretación por parte de los filósofos y el mundo de la cultura y el intelecto, por otro.

A pesar de que contó con detractores, hay que decir que en España la relatividad fue aceptada por la comunidad científica sin que se produjera un exceso de debate.

Quizá el ejemplo más claro se pueda encontrar en la matemática, en la que no hubo posicionamientos contrarios a la relatividad. De hecho, si excluimos al físico Blas Cabrera y al físico y matemático Esteve Terradas, los dos introductores más importantes de la relatividad en nuestro país fueron dos matemáticos: José María Plans i Freyre y Julio Rey Pastor.

Seguramente, la causa de que la matemática aceptara la relatividad sin gran debate habría que buscarla en que muchos de los matemáticos que viajaron al extranjero, pensionados por la JAE, lo hicieron a Italia, donde entraron en contacto con *Levi Civita*, uno de los creadores de las herramientas matemáticas necesarias para la relatividad general.

De José María Plans, que también era físico –catedrático de mecánica racional y mecánica celeste de las Facultades de Ciencias de Zaragoza y Madrid, respectivamente– siempre se destaca su papel como introductor del cálculo diferencial absoluto en España y sus estudios sobre la implicación de esta herramienta en el desarrollo de la relatividad general. En 1921 publicó *Nociones Fundamentales de Mecánica Relativista*, donde dejaba claro su pensamiento físico.

Por su parte, Julio Rey tuvo un papel fundamental en la fundación de la *Sociedad Matemática Española* que, a la larga, sería la institución en torno a la cual se produjera la consolidación del pensamiento relativista en nuestro país. No obstante, sus aportaciones a las teorías de *Einstein* se producirían años después una vez instalado en Argentina, país en el que residió desde 1921 hasta su fallecimiento acontecido en 1962.

Y si la matemática aceptó la relatividad con excesiva facilidad, no cabría decir lo mismo de la física. Aunque el hecho de que Blas Cabrera fuera uno de los principales promotores de la relatividad influyó en que la mayoría de los físicos españoles mantuvieran una postura prorrelativista. No obstante, hay que indicar que el pensamiento de Cabrera fue evolucionando hasta la aceptación completa de la relatividad con la publicación, en 1923, de su libro *Principio de Relatividad*.

Actualmente, nadie duda en citar a Plans, Rey, Terradas y Cabrera como los introductores de la relatividad en España, entendiendo por ello los primeros científicos que recibieron información de esta nueva teoría y la interpretaron e hicieron propia, como paso previo a difundirla en el seno de la comunidad científica.

Es cierto que existieron, también, posiciones intermedias –eran las de quienes admitían algunos postulados de la relatividad pero rechazaban otros, especialmente el abandono de la hipótesis del éter– y, por supuesto, quienes se mostraron contrarios a la relatividad. Entre los que escribieron artículos originales en contra de las teorías relativistas cabría destacar al astrónomo Josep Comas i Solà.

En esa idea de modernizar el país un factor clave fue la creación de toda una serie de sociedades científicas y organismos institucionales entre los que cabría destacar la *Sociedad Española de Física y Química* en 1903, la *Junta para Ampliación de Estudios e Investigaciones Científicas* (JAE) en 1907, la *Asociación Española para el Progreso de las Ciencias* en 1908, el *Instituto Nacional de Ciencias Físico-Naturales* en 1910, el *Laboratorio de Investigaciones Físicas* dirigido por Blas Cabrera, también en 1910, y la *Sociedad Matemática Española* en 1913.

Junta de Ampliación de Estudios e Investigaciones Científicas creada en 1907

Y si todos los organismos anteriores estaban ubicados en Madrid, la Ciudad Condal no quedó al margen de esta innovación institucional. Se produjo la renovación de la ya existente *Academia de Ciencias de Barcelona*, se construyó el *Observatorio Astronómico Fabra* y se creó el *Institut d'Estudis Catalans*, que estaba llamado a representar un papel determinante en la difusión de las nuevas teorías de la física de la mano, principalmente, de Esteve Terradas.

Ningún historiador de la ciencia dudaría en situar a la JAE en el epicentro de la modernización e internacionalización de la ciencia española. Modernización porque supuso el comienzo de la investigación experimental, ausente en la ciencia española hasta ese momento. Internacionalización porque, gracias a las becas para estudios y trabajos, fueron muchos los científicos españoles que tuvieron la oportunidad de formarse en los mejores centros de investigación extranjeros teniendo como maestros a algunos de los más reputados científicos del momento.

Bajo el paraguas de la JAE un número importante de físicos, matemáticos y astrónomos españoles estudiaron en el extranjero entre los años 1910 y 1920. Pero no sólo eso, puesto que la mayoría de ellos cuando regresaron a España lo hicieron con programas de investigación que continuaron en nuestro país en colaboración con el centro extranjero.

Entre los científicos españoles que disfrutaron de una beca para estudiar matemáticas en el exterior cabe destacar a Julio Rey Pastor, que estudió análisis y geometría superior en Berlin entre 1910 y 1911, al ingeniero Rafael Campalans, que estudió cálculo diferencial e integral en la Sorbona parisina en 1911 y a Pedro Pineda Gutiérrez, que estudio la teoría de grupos con *Hermann Weyl* en Zurich en 1916 y 1917.

Por lo que respecta a la física, el ejemplo más importante de físico formado en el extranjero fue Blas Cabrera Felipe.

Cabrera estudió magnetismo con *Pierre Weiss* en Zurich, entre 1910 y 1912, y fue en estos años en los que desarrolló las líneas de investigación que le ocuparían el resto de su vida.

Y todo ello sin olvidar la labor que la JAE desarrolló para favorecer la visita a España de importantes científicos: el físico *Jakob Laub* trabajó en el laboratorio de Blas Cabrera en 1915, el radiofarmacéutico *Bela Szilard*, colaboró en el Instituto de Radiactividad de Madrid en 1918 y 1919 y el matemático *Tullio Levi-Civita* impartió un curso sobre mecánica clásica y relativista a principios de 1921.

Años después, en 1933, tendría lugar un hecho que de haber fructificado habría supuesto para la ciencia española escalar un nuevo peldaño en ese proceso de modernización. Me estoy refiriendo al ofrecimiento de una cátedra a *Einstein* en la Universidad de Madrid y la creación de un Instituto con el nombre del físico alemán.

Sin lugar a dudas, fue la física la disciplina científica que alcanzó un mayor desarrollo en España durante el primer tercio del siglo XX. Aunque ya he hecho referencia a él, es de justicia recalcar que el gran protagonista del mismo fue el físico canario Blas Cabrera. No en vano, se le conoce como el *padre* de la física española experimental y si tomamos como referencia tanto sus publicaciones como sus contactos en el extranjero –*Marie Curie, Albert Einstein, Paul Langevin* o *Niels Bohr*, entre otros– deberemos añadir que fue el primer físico español con proyección internacional.

Fue precisamente en este escenario de internacionalización en el que se organizó el viaje que *Albert Einstein* realizó a España en febrero de 1923. Y ello fue posible gracias a la relación que algunos científicos españoles mantenían con él, fruto de esa política de becas y de apertura al mundo seguida por la JAE.

Como ya quedó dicho, el autor de la relatividad pasó tres semanas en España y según distintos historiadores de la ciencia, principalmente *Glick* o Sánchez Ron, la visita tuvo un enorme impacto en disciplinas como la física o las matemáticas. Las conferencias que impartió favorecieron la difusión en nuestro país de las nuevas teorías que, desde comienzos de siglo, venían emergiendo en los países más desarrollados científicamente.

No cabe duda de que los principales beneficiados por estas conferencias fueron los que a ellas asistieron. Pero no podemos olvidar el efecto amplificador que supuso su difusión por los más importantes medios de comunicación de la época.

El tratamiento que de la visita de *Albert Einstein* a España ofrecieron los diarios y revistas de la época fue de tal magnitud que si hoy podemos conocer los antecedentes de la visita, los preparativos del viaje, los actos programados y las visitas realizadas, las repercusiones políticas que tuvo y las anécdotas que salpicaron el viaje es gracias, en gran medida, al seguimiento mediático que tuvo.

LA PREPARACIÓN DEL VIAJE
Y
SUS PROTAGONISTAS

Según afirma el historiador de la ciencia *Thomas F. Glick* es difícil precisar el momento exacto en el que se produjeron los primeros contactos de *Einstein* con científicos españoles.

Está documentado que con anterioridad a la Primera Guerra Mundial, cuando era profesor de física teórica en la Escuela Politécnica de Zurich, conoció a varios españoles que estudiaban o investigaban en esa ciudad. Manuel Lucini y Blas Cabrera se encontraban entre ellos.

Finalizada la guerra, instalado ya en Berlín, *Einstein* conoció al químico Casimir Lana Serrate que se encontraba estudiando química inorgánica con una beca de la JAE. Años después, Lana participaría en las etapas finales de la preparación de la visita del físico alemán a nuestro país, aunque su papel fue meramente de intermediario entre *Einstein* y Esteve Terradas –profesor de acústica y óptica de la Universidad de Barcelona–.

Parece ser que la primera invitación a *Albert Einstein* para que visitara España se produjo en la primavera de 1920 de la mano de Esteve Terradas, quien viajaba con bastante frecuencia a Alemania.

En el mes de abril los preparativos debían de estar bastante avanzados pues el día 22 el matemático Julio Rey Pastor, que por aquella época se encontraba en Leipzig, escribió a *Einstein* para reiterarle una invitación conjunta de la Junta para Ampliación de Estudios y del Institut d´Estudis Catalans.

La invitación consistía en una gira de conferencias que serían impartidas en Barcelona y Madrid:

"Estimado profesor:

Como le informé durante mi visita he comunicado al Institut d'Estudis Catalans y a la Junta para Ampliación de Estudios (las dos instituciones más importantes para la alta cultura y la investigación científica en España) que no es imposible que, si se le invita, usted pueda hacernos el honor de visitarnos.

La Diputació de Catalunya me telegrafió diciéndome que le transmitiese inmediatamente esta invitación, antes de que la reciba de manera oficial, para que pronuncie unas pocas conferencias en el Insti-

tut d'Estudis en Barcelona. La época, tema y número de conferencias se dejan para que usted libremente decida, en el caso de que sea tan amable de aceptar la invitación".

En la carta, Rey Pastor aseguraba al físico alemán que *"en los próximos días esperaba recibir una respuesta favorable de la Junta para Ampliación de Estudios ya que el propio ministro de Instrucción Pública se estaba ocupando del asunto con el mayor interés. Podría usted en este caso dar una serie de conferencias en un breve periodo de tiempo, una tras la otra, en Barceleona y en Madrid".*

Rey Pastor no olvidó comentar que la Diputació de Catalunya había reservado 3.000 pesetas para los gastos de *Einstein*. Y añadía que su visita, de producirse, *"merecerá la duradera gratitud de la cultura española".*

La carta de Rey Pastor contenía una posdata que seguramente *Einstein* no pasó por alto. El matemático español le comunicaba que la Sociedad Matemática Española tenía pensado *"desde hacía algún tiempo traducir su maravilloso libro de divulgación de las teorías especial y general de la relatividad al español para hacer su teoría accesible a sus miembros".*

Julio Rey Pastor

Con posterioridad a la carta, según *Thomas F. Glick*, se produjo un intercambio de tarjetas en las que *Einstein* hacía alusión a su *"fobia a los idiomas"* y Rey Pastor le aclaraba que eso no era ningún problema para los españoles: *"Nuestro francés es más bien deficiente y puede, usted, cometer faltas sin temor*". Rey Pastor iba más lejos: "*En caso necesario la audiencia podría limitarse a los que hablaban alemán*".

Parece ser que antes de regresar a España Rey Pastor escribió de nuevo a *Einstein* para obtener el sí definitivo. Como argumento de peso añadió que la JAE había reservado 2.000 pesetas para el viaje, cantidad que podría incrementarse en el caso de que el físico deseara permanecer en Madrid más de un mes:

"*Es nuestro deseo que permanezca usted en Madrid tanto tiempo como sea posible para que podamos obtener el mayor beneficio posible de sus valiosas enseñanzas*".

Einstein debía de estar realmente preocupado por las dificultades para impartir sus conferencias en un idioma extranjero pues ésta fue su breve respuesta:

"*Aceptaré su invitación con la condición de que limite mis conferencias al área de la ciencia y de que me pueda valer de dibujos y fórmulas matemáticas.*

Dada mi total incapacidad para hablar español y mi deficiente conocimiento del francés, sería incapaz de presentar mis conferencias si sólo tuviera que valerme de palabras. El alemán es el único idioma en el que puedo hablar inteligiblemente acerca de mi teoría. Le comunico que espero con placer verlo a usted de nuevo y conocer por mí mismo su hermoso país".

En el mes de julio fue Santiago Ramón y Cajal quien escribió a *Einstein* para confirmar todo lo expuesto por Rey Pastor y realizar una invitación formal, en nombre del ministro de Instrucción Pública, para impartir "*una corta serie de lecciones a un pequeño grupo de especialistas de Madrid*" sobre la teoría de la relatividad.

Finalmente la invitación no fructificó. *Einstein* escribió a Rey Pastor –después lo haría a Ramón y Cajal en el mismo sentido– para comunicarle su imposibilidad de viajar a España ese otoño a causa del cansancio y las obligaciones de su cargo en Berlín. La carta finalizaba añadiendo que "*esperaba visitar España y encontrarse con su comunidad científica algún otro año*".

El profesor *Glick* apunta a que, en realidad, el rechazo de *Albert Einstein* a viajar a España en 1920 no fue ni el cansancio ni su trabajo en Berlín sino que acababa de aceptar una cátedra extraordinaria en la ciudad holandesa de Leiden y debía tomar posesión de ella en el mes de octubre.

La siguiente invitación al profesor alemán para visitar formalmente nuestro país tuvo lugar en marzo de 1921 y, de nuevo, en esta ocasión el protagonista fue Esteve Terradas. La respuesta, que se conserva en el Institut d´Estudis Catalans, también fue negativa:

"*Berlín, 16-VII-1921*

Muy honorable colega:

Su cordial carta del primero de marzo me ha llenado a la vez de alegría y de tristeza. La tristeza es debida al hecho de que un trabajo largo e importante no me permite ausentarme de Berlín durante un largo periodo de tiempo antes del próximo verano.

Le aseguro que lamento mucho que esto no me permita aceptar su invitación, pero de todas formas estoy seguro que me será posible aceptarla durante el curso académico 1922-1923, si es que aún mantiene su invitación.

Con mi más sincera estima,

Albert Einstein".

Si *Einstein* trataba de mostrarse cordial o si estaba realmente interesado en viajar a España era difícil saberlo, pero la realidad fue que acabó realizando el viaje. Como se suele decir "a la tercera fue la vencida".

Pero no precipitemos los acontecimientos pues para ese momento todavía tuvieron que transcurrir dieciocho meses.

Esteve Terradas e Illa (1925)

En la primavera de 1922 la Facultad de Ciencias de la Universidad de Zaragoza discutía cursar su propia invitación al profesar alemán para que, en caso de terminar viniendo a España, ofreciera, además, un par de conferencias en la capital aragonesa.

Y por supuesto, Esteve Terradas mantuvo la invitación realizada en 1921, aunque en esta ocasión contó con la ayuda del ingeniero químico Casimir Lana Sarrate –profesor de la Escuela Industrial de Barcelona y que en la década de 1920 también viajaba con cierta asiduidad a Alemania– que fue quien en el verano de 1922 informó a Terradas de la aceptación definitiva de *Einstein*.

Todo parece indicar que Terradas se reunió con *Einstein* en la capital alemana ese mismo verano. Con toda seguridad allí concretarían los últimos detalles del viaje.

Hay una carta que avalaría la hipótesis anterior. En ella Terradas, que se encontraba de vacaciones en la Bretaña francesa, se dirige al ingeniero industrial Rafael Campalans i Puig –en aquel momento Director de Instrucción Pública del Consell de Pedagogía– y en ella le comenta que *"verá a Einstein en pocos días"* y que éste *"está dispuesto a venir a finales de marzo"*. Añade que *"le ha hablado de 3.000 pesetas y que se podría llegar a 4.000 si fuera necesario"*. Le pide que, por favor, le conteste a Berlín.

Rafael Campalans envió su contestación en los primeros días del mes de septiembre y si algo se podía inferir de su respuesta eran los enormes deseos que todos tenían de contar con *Einstein* en Barcelona:

"Aunque no tengo autoridad para poner a disposición del curso de Einstein las 3.000 pesetas que indica, le aconsejaría que tirara para adelante, puesto que ya las sacaremos de un sitio u otro. Tengo la seguridad de que todo el mundo se entusiasmará".

A pesar de que al final se produjeron pequeños cambios de última hora, el esquema general del viaje quedó esbozado durante el verano de 1922. La llegada a Barcelona tendría lugar a finales de febrero del año siguiente y *Einstein* permanecería en la ciudad condal hasta el último día del mes. Más o menos una semana.

Dejando aparte recepciones y visitas públicas y privadas, estaba previsto que en esa semana impartiera una conferencia sobre relatividad restringida en el Institut d´Estudis Catalans, situado en el Palau de la Diputació, una conferencia sobre relatividad general en el mismo auditorio, una conferencia en la Reial Acadèmia de Ciències i Arts de

Barcelona sobre las consecuencias filosóficas de la relatividad y, por último, una conferencia en la sala de sesiones del Palau de la Diputació sobre los problemas que presentaba la relatividad en aquellos momentos.

Rafael Campalans i Puig (hacia 1923)

La salida hacia la capital de España estaba prevista para el día 1 de marzo y *Einstein* permanecería en ella hasta el día 11, fecha en la que se trasladaría por ferrocarril a Zaragoza.

En Madrid se habían programado las mismas cuatro conferencias que el físico alemán debería impartir días antes en Barcelona. Estaba previsto que tres de ellas se pronunciaran en la Facultad de Ciencias de la Universidad Central y la cuarta en la Residencia de Estudiantes.

Al margen de las conferencias y la visita programada al Museo del Prado –finalmente lo visitaría hasta en tres ocasiones– el acto académico más importante de la estancia en Madrid lo habría de constituir la recepción del nombramiento como miembro de la Academia de Ciencias Exactas, Físicas y Naturales de manos del rey Alfonso XIII.

La previsión, como así ocurrió, es que *Einstein* impartiera en Zaragoza dos conferencias durante los tres días que habría de permanecer en la capital aragonesa. Ambas, una sobre relatividad especial y otra sobre relatividad general, tendrían lugar en la Facultad de Medicina y Ciencias de la capital maña.

La Junta para Ampliación de Estudios, el Institut d'Estudis Catalans y la Universidad de Zaragoza hicieron un gran esfuerzo para traer a España a quien, en aquellos momentos, era sin duda el científico que gozaba de un mayor reconocimiento y proyección internacional. Ahora bien, el viaje no habría sido posible sin el concurso de un número importante de personas que se volcaron para que el proyecto terminara fructificando. Y entre todas ellas, Julio Rey Pastor y Esteve Terradas i Illa fueron los verdaderos artífices del mismo.

Pero ¿quiénes eran estos dos personajes de la ciencia española y por qué su interés en que *Einstein* visitara España?

En pocas palabras, cabría decir que se trataba de dos de los más importantes científicos españoles de la primera mitad del siglo XX y, aunque de distinta manera y desde ópticas también diferentes, de dos grandes impulsores del relativismo, ante todo Terradas.

Lo primero que llama la atención de la biografía de Rey Pastor es que si no hubiera suspendido el examen de matemáticas exigido para el ingreso en la Academia Militar de Zaragoza la ciencia española del siglo XX se habría perdido a uno de sus máximos exponentes. Curiosamente, ese hecho fue el que le llevó a estudiar ciencias exactas, carrera que cursó en Zaragoza siendo discípulo de García de Galdeano –el apóstol de la matemática moderna, según las propias palabras de Rey Pastor–.

Julio Rey tendría un papel capital en la fundación de la *Sociedad Matemática Española*, bajo el auspicio de la JAE. Y precisamente de esta institución obtendría dos becas para proseguir estudios en Alemania, la primera en Berlín y la segunda en Gotinga.

Ingresó en la Real Academia de Ciencias Exactas, Físicas y Naturales en 1920 y al año siguiente se trasladó a Argentina donde, aunque nunca perdió el contacto con la matemática española pues aprovechaba los periodos de vacaciones para trasladarse a España, permaneció hasta su muerte en 1962.

La *Sociedad Matemática* fue el centro de consolidación del pensamiento relativista en nuestro país y aunque, en un primer momento, Rey Pastor no se significó en la difusión de la relatividad si que fue consciente del papel de la matemática en el desarrollo de la misma y, en todo momento, dio su apoyo para fomentar dicho papel. Téngase en cuenta que Rey Pastor permaneció un año en Gotinga, ciudad en la que la relatividad era uno de los principales asuntos de investigación.

Hay quien minimiza la relación de Rey Pastor con las teorías de *Einstein* diciendo que su gran aportación a la relatividad fue su denodado esfuerzo para que el físico alemán aceptara viajar a España.

Es cierto que durante los años que permaneció en España Rey Pastor nunca escribió sobre relatividad pero, en 1923, la revista *Madrid Científico* incluyó una reseña de una conferencia suya dada en Argentina y que había sido publicada en este país en la revista *Estudios*.

En ella, Rey Pastor elogiaba "*el grandioso edificio levantado por Einstein*", en referencia a la generalización del principio de la relatividad a todos los fenómenos físicos y a todos los tipos de movimientos. Tan sólo un aspecto lo alejaba del relativismo: mantenía el concepto del éter como medio para explicar la propagación de la luz.

Julio Rey (derecha) en Buenos Aires

Como ya se ha comentado, Esteve Terradas fue junto a Blas Cabrera, Julio Rey y José María Plans el introductor de la relatividad en España y, desde luego, uno de los científicos españoles más prestigiosos de esa época. Doctor en física y matemáticas, dominaba el alemán y estaba suscrito a publicaciones científicas en ese idioma.

Terradas fue catedrático de Mecánica Racional en la Universidad de Zaragoza, de Acústica y Óptica en la de Barcelona y de Ecuaciones Diferenciales en la de Madrid. Algunos proyectos importantes de ingeniería también fueron obra suya; concretamente la planificación de la red telefónica y la red de ferrocarriles de Cataluña.

Fue un gran divulgador de la mecánica cuántica y la relatividad y era poseedor de un conocimiento enciclopédico. Estudió, también, ingeniería industrial y fue, precisamente, a esta especialidad a la que dedicó sus esfuerzos a partir de 1915.

Esteve Terradas (centro) con la Junta de la Sociedad Astronómica de Barcelona © Archivo Fototeca.cat

Terradas no fue únicamente el introductor de la relatividad en España –a través de dos conferencias pronunciadas en octubre de 1908 durante el congreso de la Asociación Española para el Progreso de la Ciencias, celebrado en Zaragoza– sino que fue el primer científico que la aceptó en su totalidad y abandonó el concepto del éter.

En 1912 hizo una extensa reseña de un libro de *Max von Laue* sobre relatividad y en los años siguientes impartiría varios cursos sobre las teorías relativistas, el más importante en 1920-1921 para preparar la visita a España de *Levi Civita* –que contó con 81 inscritos entre físicos, matemáticos, ingenieros, arquitectos, filósofos y médicos–.

Esteve Terradas influyó, además, de manera decisiva para que otros científicos españoles comenzaran a estudiar la relatividad e interesarse por ella.

Albert Einstein visitó Argentina en 1925. Según *Thomas F. Glick*, durante ese viaje el físico alemán hizo la siguiente confidencia a Julio Rey Pastor:

"He conocido a un hombre extraordinario: Terradas. Su cabeza es una de las seis mejores del mundo".

Fuera o no una de las cabezas "mejor amuebladas" del mundo –se dice que ha sido uno de los españoles con mayor coeficiente intelectual a lo largo de la historia y con una memoria capaz de retener el contenido de 300 páginas en un solo día–, es evidente que fue un hombre enormemente inteligente que, además de sus aportaciones en los campos de la matemática, la física y la ingeniería, mostró un gran interés por la fotografía.

Cualquiera que esté interesado en la faceta artística de Terradas debe saber que casi 3.500 de sus obras se conservan en el Archivo Histórico Fotográfico del Instituto de Estudios Fotográficos de Cataluña.

El reconocimiento intelectual que *Einstein* sentía por Terradas se puso de nuevo de manifiesto cinco años después. En 1930, sería Antoni Fabra Ribas, corresponsal del diario madrileño *El Sol*, quien escuchara del físico alemán lo siguiente:

"Terradas es una gran inteligencia. He tratado muchos hombres en el curso de mi vida y no vacilo en afirmar que el profesor español es uno de los que más me han interesado".

Aunque todos estos testimonios avalan la tesis de que *Albert Einstein* tenía en gran estima a Esteve Terradas, la realidad es que, más allá de los días que compartieron durante la visita del genio alemán a Barcelona, se desconoce qué relación existía entre los dos y cuál era el nivel de la misma.

LA ESTANCIA EN BARCELONA

El 24 de junio de 1922 moría asesinado el fisicoquímico, filósofo, escritor, empresario y, en aquel momento, ministro de Exteriores de la República de Weimar, de origen judío, *Walther Rathenau*.

Según señalan algunos de sus biógrafos, *Einstein* se habría ido sintiendo cada vez más incómodo y preocupado por el clima de abierto antisemitismo que reinaba en Alemania y, por ello, aprovechó algunas de las invitaciones que le cursaban desde el extranjero para ausentarse de su país natal.

El viaje que condujo a *Albert Einstein* a Barcelona, como primera escala de su periplo por varias ciudades españolas, había comenzado cuatro meses antes, en noviembre de 1922.

Tras breves escalas en Ceilán y China, *Albert Einstein* y su esposa *Elsa* llegaron a Japón a mediados del mes de noviembre. Allí les esperaba una gira de conferencias bajo el patrocinio de la famosa editorial *Kaizosha*. Como ocurriría a lo largo de toda la gira, el recibimiento popular fue apoteósico, sólo comparable al que en nuestros días reciben algunas estrellas del mundo del espectáculo o el deporte.

Desde Japón se dirigieron a Palestina. Aparte de mostrar su apoyo públicamente al sionismo, *Einstein* estaba muy interesado en que la Universidad Hebrea de Jerusalén –donde impartió la conferencia inaugural– estableciera institutos científicos que guardaran relación con los problemas que, en la práctica, presentaban los asentamientos judíos. En concreto de agricultura, química y microbiología.

Llegada a la Ciudad Condal

Einstein anunció su llegada a Barcelona para finales del mes de febrero pero sin indicar ni el día ni el tren en que llegaría. Lo hizo a través de un telegrama y rápidamente la prensa dio cuenta de ello (*La Publicitat* del miércoles 21 de febrero):

"Por las noticias que se han recibido de Singapur, un día de estos llegará a nuestra ciudad el profesor Einstein, las teorías del cual, como es sabido, han revolucionado totalmente la Ciencia Moderna haciendo que el nombre de este pueda compararse ya al de Newton".

> **Einstein a Barcelona**
>
> Per les noves que s'han rebut de Singapoore, un dia d'aquests arribarà a la nostra ciutat el professor Einstein, les teories del qual, com és sabut, han revolucionat totalment la Ciència Moderna fent que el nom d'aquest pugui posar-se, ja a hores d'ara, al costat del geni renovellador de Newton.
>
> Einstein ve a Barcelona convidat pels Cursos Monogràfics d'Alts Estudis i d'Intercanvi de la Mancomunitat de Catalunya i per la Universitat a l'objecte de professar un curset sobre els aspectes més nous de la "Teoria de la Relativitat".
>
> Després de professades les seves lliçons a Barcelona, el professor Einstein anirà, seguradament, a repetir el seu curs a la Universitat de Madrid.

Diario La Publicitat del 21-02-1923

Al día siguiente, el jueves día 22, los periódicos aclaraban que la matrícula para asistir a las conferencias que impartiría el genio alemán tenía un coste de 25 pesetas, una cantidad realmente importante para la época, y que la admisión estaba reservada dadas *"las condiciones del local y el carácter de las conferencias"*.

Asimismo, los diarios daban cuenta de que se habían cursado invitaciones a personalidades del mundo científico barcelonés y, cómo no, a profesores familiarizados con la relatividad.

La visita de *Einstein* a Barcelona se produjo en un momento en el que algunos sectores de la sociedad catalana estaban impulsando un proceso de modernización científica similar a como venía ocurriendo en otras zonas del país, pero con una singularidad: la reivindicación de la identidad cultural y política catalanas.

Las conferencias programadas pretendían ser un importante impulso a este proceso de regeneración. Desgraciadamente, los cambios políticos que se avecinaban –dictadura del general Primo de Rivera– terminarían ralentizando los efectos que el viaje iba a producir.

Según *La Veu de Catalunya*, *Albert Einstein* y su esposa *Elsa Einstein* llegaron a Barcelona por ferrocarril, el viernes 23 de febrero de 1923, procedentes de Toulouse –Jacinto Quevedo Sarmiento en su artículo *Einstein y Cabrera, amigos para qué si no*, publicado en la revista *Sum*a, sitúa el punto de partida del matrimonio *Einstein*, en su camino hacia España, en la ciudad francesa de Toulon, próxima a Marsella– y a diferencia de lo que era habitual en sus viajes, como recogerían al día siguiente los diarios más importantes de Madrid y Barcelona, no sólo no se encontraron con una multitud esperándolos sino que, sorprendentemente, nadie fue a recibirlos a la estación.

Ello se debió a que *Einstein*, seguramente por falta de tiempo, no telegrafió indicando el tren que les traería a Barcelona ni la hora prevista de llegada.

La anécdota de una celebridad en una "estación vacía" hizo correr mucha tinta. ¡No era para menos! De hecho, existen versiones distintas al respecto de lo que hizo el matrimonio *Einstein* al abandonar la estación de ferrocarril.

En la *Veu de Catalunya* –propiedad de la Lliga Regionalista– del día 24 se indicaba que, *Einstein* y su esposa, se habían inscrito en el Hotel Colón y, posteriormente, dirigido al domicilio de Esteve Terradas. Al no encontrarlo allí le dejaron una nota –en francés– en la que *Einstein* daba cuenta de su llegada y se excusaba por no haber tenido tiempo de anunciarse por telegrama –detalle curioso, pues *Einstein* no debió recordar que Terradas hablaba un perfecto alemán–. Desde el domicilio de Terradas, siempre según la versión ofrecida por la *Veu de Catalunya*, se dirigieron de nuevo al hotel.

Teniendo en cuenta que los descendientes de Terradas conservan la nota manuscrita dejada por *Einstein* en el domicilio de su colega, esta parece la versión más fidedigna de lo que aconteció. Pero como decía, hay otras.

La ofrecida por el diario *El Debate* de Madrid, el día 26 de febrero, es mucho más novelesca pero, por lo que se conoce, menos fiable.

Según se podía leer en este diario, al no encontrar a nadie en la estación, el matrimonio se había dirigido a una modesta pensión situada en la Rambla de Santa Mónica, cerca del puerto. El propietario del alojamiento, tras reconocer al científico alemán, lo habría puesto en conocimiento de una "conocida personalidad catalana" –no especificaba de quien se trataba– con quien *Einstein* había tratado en Berlín.

Según el mismo diario, habría sido esa persona la que acompañó al matrimonio *Einstein* al hotel, en el que le habían reservado una habitación digna de su categoría. Según el periódico, curiosamente, *Einstein* se registró en el mismo hotel pero en una habitación de categoría inferior y no aceptó cambiarla por la otra.

Hotel Colón en los años veinte

Lo que si parece confirmado es que, el mismo día de la llegada de *Einstein*, Casimir Lana y Rafael Campalans se personaron en el Ayuntamiento para comunicar al alcalde la presencia del físico alemán en la ciudad. Así, al menos, se pudo leer en *La Publicitat*. Y ese día se produciría, también, la confirmación de que el ciclo de conferencias comenzaría al día siguiente, 24 de febrero, en el Institut d´Estudis Catalans.

De la confirmación a los hechos. Tal y como había dicho, la primera conferencia, sobre relatividad especial, tuvo lugar el sábado 24 a las 19 horas en la sala de sesiones del Palau de la Diputació, sede del Institut d´Estudis Catalans y según diversas fuentes más de un centenar de personas abarrotaban la sala.

Aunque tendremos oportunidad de analizarlo más adelante es importante reseñar el esfuerzo desarrollado por la prensa para dar cuenta de todos los actos en los que *Einstein* estuvo presente. Ahora bien, donde la información alcanzó un elevadísimo nivel fue en las crónicas de las conferencias que impartió.

Es de suponer que la expectación que *Einstein* levantaba en los lugares por los que pasaba, independientemente del país en el que se encontrara, hizo considerar a los responsables de los diarios que tal esfuerzo informativo merecería la pena y, desde luego, no se equivocaron.

Simplemente adelantaré que si bien hubo periódicos que se ciñeron a realizar pequeños resúmenes de los acontecimientos otros "tiraron la casa por la ventana" y encargaron a personas con reconocida preparación científica la cobertura de las informaciones, sobre todo las relativas a las conferencias.

Algo que la prensa no pasó por alto tras esta primera conferencia, y tampoco lo haría en las que siguieron, fue la dificultad con que se encontraron muchos de los asistentes para entender lo que el físico alemán explicaba.

El cronista de *La Publicitat* escribió que "*del centenar de los concurrentes debía de haber cuatro o cinco que las siguieron perfectamente, quizás una docena adivinarían algo a base de esfuerzos y el resto no entendía nada*".

Ello es fácil de comprender si se tiene en cuenta que, a pesar de que *Einstein* habló con naturalidad y huyendo de las formalidades académicas, no se trataba de conferencias de divulgación. Habría que pensar, además, que el objetivo de muchos de los asistentes no era aprender física sino ver de cerca a uno de los personajes, ya en aquellos días, más importantes de la historia de la ciencia.

Siguiendo el modelo de las visitas a España de otras personalidades extranjeras –por ejemplo el viaje que *Marie Curie* había realizado en 1919– la estancia de *Einstein* en Barcelona se vio complementada con toda una serie de visitas culturales cuya finalidad, en la mayoría de los casos, no era otra que mostrar al físico alemán la historia de Cataluña y sus proyectos de modernización.

La primera de estas visitas tuvo lugar el domingo 25 de febrero y el destino fue el Real Monasterio de Santa María de Poblet, abadía cisterciense situada en la comarca de la Cuenca de Barberá en el interior de la provincia de Tarragona. La firma de *Einstein* en el libro de huéspedes del monasterio atestigua su paso por él.

Terminado el recorrido por el monasterio, *Einstein* y sus acompañantes, se acercaron a L´Espluga de Francolí, población vecina de Poblet.

Visita de Einstein al Monasterio de Poblet
De izda a dcha: Campalans, desconocida,
Einstein, desconocido y Bernat Lassaleta

Einstein en L´ Espluga de Francolí Autor: Casimir Lana Sarrate

Por una de las dos fotografías publicadas por el semanario *Mundo Gráfico*, el día 7 de marzo, sabemos que Bernat Lassaleta, catedrático de electrotecnia de la Escuela de Ingenieros Industriales, acompañó al matrimonio *Einstein* en la visita al monasterio. Y a ellos habría que añadir al autor de las fotos, el ingeniero químico Casimir Lana Sarrate, y, muy probablemente, al poeta Ventura Gassol.

En la segunda de las fotografías, *Albert Einstein* aparece rodeado de niños y con dos de ellos cogidos de sus manos.

Hubo algún diario que incluyó en la información del viaje que posteriormente la "comitiva" se había dirigido a Tortosa. La verdad es que resulta improbable dado que esta localidad se encuentra más de un centenar de kilómetros al sur y para regresar hasta la ciudad condal habrían tenido que recorrer otros doscientos kilómetros.

La jornada siguiente, lunes 26, comenzó temprano. A primera hora, *Einstein* y su esposa dejaron las habitaciones 456 y 457 del Hotel Colón y, acompañados del prestigioso arquitecto Josep Puig i Cadafalch, se trasladaron a unos treinta kilómetros de Barcelona para visitar el conjunto paleocristiano y románico de Égara, la actual Tarrasa.

Según publicó la prensa de la Ciudad Condal, ese mismo día y acompañado por Esteve Terradas, *Einstein* realizó una visita a la Universidad y mantuvo una entrevista con el Rector en la que también estuvieron presentes el Secretario de la Universidad, el Decano de la Facultad de Ciencias y el Presidente de la Academia de Ciencias y Artes.

Conviene aclarar que, aunque no aparece en ninguna fotografía junto a *Einstein*, Terradas no sólo estuvo presente en las conferencias impartidas por su colega sino que acompañó al físico alemán en varias de las visitas que realizó durante su estancia en Barcelona y ello a pesar del dolor que en esos momentos debía embargarle, pues hacía tan sólo diez días que había fallecido su hija pequeña, Helena, de tan sólo diez años, víctima de una enfermedad pulmonar. El trastorno personal que padecía le llevó, en esas mismas fechas, a renunciar a un curso que iba a impartir en Buenos Aires el verano siguiente.

A las 19 horas, en el mismo lugar que el sábado 24 y con los mismos asistentes –recuérdese que para asistir a ella los interesados hubieron de inscribirse y pagar una matrícula– tuvo lugar la segunda de las conferencias. En esta ocasión le tocó el turno a la relatividad general.

Acabada la conferencia, *Einstein* asistió a una cena privada con Josep Puig i Cadafalch, presidente de la Mancomunitat de Catalunya

–institución catalana promovida por el dirigente de la Lliga Regionalista Enric Prat de la Riba que aglutinaba a las cuatro diputaciones catalanas y cuya obra fue uno de los objetivos que, tan sólo unos pocos meses después, se marcaría la Dictadura de Primo de Rivera en hacer desaparecer–.

Huésped honorable de Barcelona

El martes 27 comenzó con una visita de contenido académico y científico y continuó con un homenaje institucional. Por la tarde tuvo lugar la tercera de las cuatro conferencias proyectadas y una entrevista de marcado contenido político de la que se habló mucho y durante mucho tiempo. La jornada finalizaría con una cena atípica cargada de imaginación y simbolismo, como más adelante podremos comprobar.

Antes de dirigirse al homenaje que le iba a rendir el pueblo de Barcelona y acompañados por el presidente de la Comisión de Cultura, Josep M. Nadal, *Albert Einstein* y su esposa realizaron una visita a la Escola del Mar –ejemplo de renovación pedagógica realizada por el Ayuntamiento para niños con discapacidad– y a las Escoles del Grup Baixeres, ubicadas en Vía Laietana.

Grupo Escolar Baixeres

El acto institucional al que hacía referencia tuvo lugar al mediodía en el Consell de Cent del Ayuntamiento. Allí, *Albert Einstein*, quien había sido declarado huésped ilustre, fue recibido por el alcalde accidental, Enric Maynés, ante la ausencia del titular del bastón de mando, Fernando Fabra i Puig.

Invitación oficial a la recepción municipal

Protocolo para el acto del Consell de Cent

Se trataba de un acto protocolario de homenaje al celebérrimo invitado y, por ello, lo normal es que se hubiera circunscrito a una glosa de su figura científica, pero el alcalde fue más lejos y elogió su compromiso ético y pacifista. Sin ninguna duda, los discursos, tanto del alcalde en funciones como del físico alemán, aportaron un valor añadido al acto.

La armonía que debía reinar entre los diferentes países, la importancia de la paz y la necesidad de superar el odio entre los pueblos centraron los discursos de ambos, que fueron recogidos por todos los periódicos. En particular *La Veu de Catalunya* que, además de informar sobre los pormenores del acto, incluyó íntegramente en sus páginas el discurso del alcalde y la respuesta del homenajeado.

El alcalde Maynés realizó su discurso en catalán. Lo que sigue es un resumen del mismo, en castellano:

"(...) *Los progresos de la civilización, que parece que debieran de llevar a una mayor perfección y solidaridad universales, han hecho más crueles y espeluznantes las luchas de los pueblos.*

(...) Las religiones, con su inmensa fuerza espiritual, no han alcanzado todavía el ideal de unión de todos los hombres. Sólo la ciencia con sus principios fundamentales, con sus teorías e hipótesis, con los resultados cada vez más transcendentales de sus investigaciones, ha podido superar todos los obstáculos, imponerse a los sentimientos y a las pasiones y a los intereses que separan a los hombres y unirlos en un ideal superior de perfección, por encima de razas, de pueblos y de lenguas, de civilizaciones y de creencias.

(...) Y usted, profesor Einstein, es en este siglo XX el más sublime representante de esta ciencia, que es suya, nuestra, y de todo el mundo.

(...) Por nuestra espiritualidad y por nuestra compenetración de la ciudad con la civilización universal, nos sentimos solidarizados con todos los hombres, sean de donde sean, que persiguiendo un ideal superior ponen la inteligencia y la voluntad al servicio de la causa imponderable de la ciencia.

Usted es uno de estos hombres más preclaros. Sus estudios y su poderosa inteligencia le han situado en la cima de la montaña que forman los conocimientos humanos, la única riqueza que no puede ser acaparada por nadie.

(...) Para nosotros no sois un extranjero, que la ciencia, como antes le dije, tiene al mundo por patria.

(...) Sea usted bienvenido. Que viva muchos años para la ciencia y para la humanidad".

El articulista de La Veu de Catalunya destacaba el gesto de modestia de *Albert Einstein* al verse sorprendido por la ovación que siguió a las palabras del alcalde.

En su réplica, en alemán, *Einstein* habló despacio y remarcando cada una de las palabras que pronunció. Su intención con toda seguridad era ser entendido perfectamente por aquellos que, entre los presentes, conocieran el idioma alemán.

Recepción de honor a Albert Einstein en el Ayuntamiento de Barcelona

El resto de los asistentes se tuvieron que conformar con la lectura del discurso que, posteriormente y en catalán, realizo el jefe de la sección municipal de Hacienda, Miquel Vidal i Guardiola y del que extracto lo siguiente:

"(...) El progreso de nuestro conocimiento se apoya sobre el esfuerzo de un grupo de hombres trabajadores que en cada generación conservan el fuego sagrado del estudio, trabajadores que a menudo se

esconden entre todo tipo de privaciones y que suelen pasar desapercibidos para la opinión pública.

Yo no puedo aceptar para mí sus palabras de elogio, sino para la totalidad de aquellos que, sin un lazo exterior, entregan sus vidas para alcanzar el ideal de la ciencia.

(...) Si bien es cierto que nuestros días contemplan orgías de odio y de afán de poder que estremecerán a muchas generaciones (yo espero que a todas), también es cierto que nuestra generación ha mostrado un amor al arte y a la ciencia como ninguna otra.

(...) Late en su discurso una honda añoranza hacia una forma más elevada de comunidad humana, hacia una superación de los odios políticos y nacionales. Ojalá que este espíritu se apodere pronto de los hombres que dirigen la suerte de los pueblos".

A continuación, según el mismo diario, el alcalde fue presentando al profesor *Einstein* a las distintas personalidades presentes en el acto. Posteriormente, el alcalde hizo entrega a *Elsa Einstein* de *"un magnífico ramo de violetas y camelias blancas"*.

Al día siguiente, el periodista Regina Lamo, que escribía en el diario republicano radical El Diluvio, criticó al alcalde por haber utilizado en su discurso un idioma ininteligible para *Einstein*. Fue una breve polémica pues ni siquiera el periódico apoyó a su columnista. De hecho utilizó su editorial para atacar a aquellos que se oponían al uso del catalán apoyándose en el "status oficial de otras lenguas".

Oposición a la relatividad

Por la tarde se celebró la tercera de las conferencias que *Einstein* iba a pronunciar en Barcelona. En esa ocasión, tuvo lugar en el pequeño salón de la Reial Acadèmia de Ciències i Arts en el que, como era previsible, no cabía un "alma" más.

Si la primera y segunda conferencias habían tratado las relatividades especial y general, y la cuarta se ocuparía de los problemas con los que se enfrentaba la relatividad en aquellos momentos –en realidad, primera, segunda y cuarta conferencia constituían un mismo ciclo–, la tercera conferencia tenía un enfoque bien distinto. Se trataba de una discusión sobre las implicaciones filosóficas de la relatividad.

La conferencia había despertado un gran interés en el reducido círculo catalán de opositores a la relatividad. Sus argumentos los constituían una serie de tópicos de los cuales algunos podían tener cierto fundamento para la época y otros eran claramente erróneos. Estos eran los más utilizados:

1. Que la relatividad no tenía aplicación práctica.
2. Que contradecía el sentido común y no era intuitiva.
3. Que rompía la concepción absoluta del espacio y el tiempo.
4. Que consideraba como iguales al espacio y al tiempo, lo cual resultaba inaceptable.
5. Que suponía la quiebra de toda la física anterior.
6. Que era una teoría matemática, por lo que su rango de validez se debía limitar a este campo y no al conceptual ni a sus implicaciones filosóficas.

Se esperaba que el astrónomo Josep Comas i Solà, miembro de la Academia, interpelara a *Einstein* o realizara algún tipo de comentario contrario a las teorías del físico alemán.

Comas i Solà fue un brillante astrónomo que en 1915 publicó un artículo con el título *Desplazamientos rápidos de estrellas revelados por la fotografía*. En él proponía una teoría sobre la emisión de la luz que fue rechazada por Esteve Terradas y Ferran Tallada, entre otros.

Al principio, Comas consideró que la teoría de la relatividad avalaba su teoría y se asió a ella, pero pronto comprendió que sus oponentes en la Acadèmia de Ciències i Arts eran relativistas.

Debido a ello, posteriormente, tras el eclipse de 1919 que corroboró las suposiciones de *Einstein*, se alineó con aquellos astrónomos que pensaban que los datos aportados por el eclipse no eran concluyentes.

O sea, que de relativista "casi convencido" pasó a convertirse en un "casi furibundo" antirelativista.

Como decía, se esperaba algún tipo de interpelación de Comas i Solà pero, por falta de atrevimiento o por no querer empañar la solemnidad del acto, la realidad es que ésta no se produjo.

En su lugar, unos días después, el 14 de marzo, escribió un artículo en *La Vanguardia*, diario en el que colaboraba habitualmente desde hacía varias décadas.

De manera resumida venía a decir que las conferencias de *Einstein* habían resultado decepcionantes, que nadie entendió nada aunque, en realidad, no había nada que entender y que, en un futuro no muy lejano, la teoría de la relatividad sería consumida por el olvido:

"Estamos asistiendo desde hace algún tiempo a un fenómeno de psicología colectiva sumamente notable y que, con seguridad, no tiene otro igual en la historia de los hombres. Desde algunos años a esta parte ya se manifestaba entre el público una invencible curiosidad, rayana en la inquietud, por conocer la denominada teoría de la relatividad.

(...) Nada tan curioso como observar la avidez con que no poca cantidad de público, y no del menos ilustrado, pero que jamás había abierto un libro de matemáticas, ni en su vida se había preocupado lo más mínimo por una cuestión de física, se ha precipitado para oír y ver a Einstein, y enterarse de tan sensacionales revelaciones.

(...) Pero lo peor es que ese público, después de haber acudido devotamente a las conferencias del ilustrado matemático alemán ha quedado mucho más desorientado que antes, a causa de no haber entendido nada.

(...) El público ha visto a un hombre indudablemente de gran talento matemático, de amable sonrisa, de agradable timbre de voz, que hablaba penosamente en francés.

(...) Salió defraudado, pues no vio por ninguna parte las revelaciones que esperaba, y no sintió su espíritu ni un momento sugestionado por la oratoria del disertante.

Esta inmensa decepción es debida a entusiasmos inconscientes que, por mi parte, he procurado reducir a sus justas proporciones cuantas veces me ha sido dable hacerlo. La teoría de la relatividad, decía yo, y lo repito, no tiene el menor valor práctico dentro de la vida humana, en el caso de ser cierta.

(...) La teoría de la relatividad es una teoría puramente matemática y divorciada por completo del concepto físico de la realidad.

(...) Atendiendo a que dicha teoría contiene muchos conceptos oscuros, otros dudosos, otros inaceptables y otros no probados; considerando que la teoría pudiera poseer elevado valor dentro de la especulación científica o metafísica, lo lógico hubiera sido celebrar algunas sesiones, si no precisamente de controversia, cuando menos de aclaración, al objeto de que el profesor Einstein contestara a las preguntas que determinadas personas hubieran podido dirigirle sobre puntos más o menos dudosos de su teoría.

(...) Cuando menos tengo para mí la satisfacción, en gracia a mi sinceridad científica, de haberle manifestado al profesor Einstein durante su estancia en Barcelona, mi entera convicción de que la supuesta constancia de la velocidad de la luz, y que constituye el punto de partida de la teoría de la relatividad, es una errónea interpretación del conocido experimento de Michelson.

(...) De la teoría de la relatividad no quedará (con el paso del tiempo) *ningún concepto aprovechable dentro de las ciencias naturales; sólo perdurará el recuerdo de una genial fantasía matemática que habrá dado lugar a interesantes desarrollos analíticos".*

Josep Comas i Solà

La *Vanguardia* no desconocía la posición de Comas i Solà con respecto a la relatividad. Tal vez por ello la cobertura del ciclo de conferencias se la encargó al catedrático de análisis matemático de la Escuela de Ingeniería Industrial de Barcelona, Ferran Tallada i Comella.

Estas son algunas de las ideas que, Tallada, plasmó en su artículo del día 4 de marzo:

"(...) De las impresiones recogidas entre los elementos intelectuales que han seguido las conferencias del profesor Einstein –no nos referimos, desde luego, a los pseudo intelectuales que diariamente o, más bien, nocturnamente disertan alrededor de algunas mesas de café– parece deducirse que en general, hecha excepción de los especialistas, no han encontrado al público con la preparación adecuada

para asimilar los nuevos conceptos, dejando los ánimos en suspenso y llenos de turbación y desaliento.

(...) Así, nada de sorprendente tiene que, por una parte, las especulaciones de Einstein exijan una base matemática y, por otra, que debido a esta circunstancia no hayan encontrado entre nosotros el terreno abonado para fructificar debidamente".

Como se puede comprobar en los párrafos precedentes, Ferran Tallada culpaba a la falta de preparación matemática, de muchos de los asistentes a las conferencias, del desaliento que en muchos de ellos las mismas produjeron.

"(...) Como de todos modos, y, según ya hemos observado, ha sido una realidad intensa y viva el anhelo general de llegar a vislumbrar los nuevos principios de la ciencia, estimamos justificado hacer una glosa de los mismos exponiéndolos en forma fácilmente asimilable por aquellos que no posean conocimientos matemáticos especiales, sacrificando, naturalmente, en ocasiones, el rigor y la fuerza demostrativa que sólo puede alcanzarse con el razonamiento matemático".

Ferran Tallada dedicaba el resto de su largo artículo a explicar, de manera más o menos comprensible, algunos de los principios que, en aquella época, se estaban incorporando a la física y las matemáticas.

Invitación para asistir a la tercera de las conferencias de Barcelona

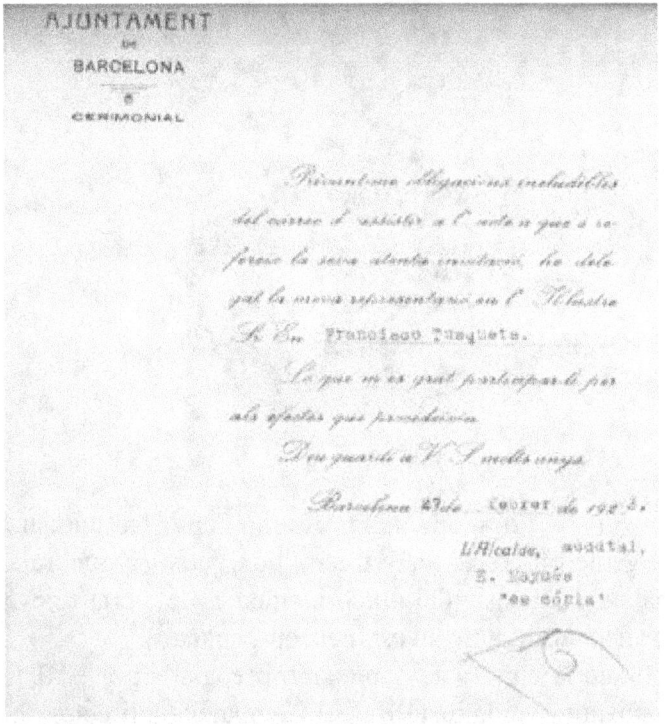

El alcalde Enric Maynés excusa su asistencia al acto

Ni revolución ni nacionalismo

El día estaba resultando muy largo pero aún no había finalizado. De hecho, aún faltaban dos citas importantes para darlo por terminado.

La primera de ellas se produjo inmediatamente después de finalizar la conferencia que *Einstein* acababa de pronunciar.

Desde la sede de la Academia, situada en la Rambla, *Einstein* se trasladó a la sede del Sindicato de Distribución de la CNT, en la calle Sant Pere Més Baix. Allí le esperaba el dirigente de la Confederación Nacional del Trabajo, Angel Pestaña –parece ser que Joaquín Maurín, activista anarcosindicalista en aquel momento y posteriormente dirigente del POUM, también se encontraba presente–.

Angel Pestaña Núñez

Lo que *Einstein* desconocía en ese momento era que su encuentro con el dirigente obrero le iba a traer algún que otro quebradero de cabeza e iba a ser la causa del único incidente, de cierta relevancia, que habría de afrontar durante su estancia en España.

Se cree que la entrevista había sido preparada por el físico e ingeniero socialista y regionalista Rafael Campalans –director de la Escola del Treball de la Universidad Industrial y director general de Instrucción del Consejo de Pedagogía de la Mancomunitat– y en ella estuvieron presentes varios periodistas.

Ni que decir tiene que el encuentro causó una gran sensación y, desde luego, no pasó en absoluto inadvertido en las páginas de los principales diarios.

Durante el coloquio, Pestaña trasladó a *Einstein* las dificultades con las que se encontraba el movimiento obrero catalán y la represión de que era objeto –conviene recordar que unos días después, el 10 de marzo, mientras *Einstein* se encontraba en Madrid, se produjo el asesinato de Salvador Seguí, el *Noi del Sucre*, uno de los dirigentes más emblemáticos de la CNT–.

Parece ser que el científico alemán mostró a Pestaña su solidaridad y le animó a que los trabajadores leyeran a *Spinoza*, cuyos escritos eran *"fuente de muchas cosas buenas y muy oportunos consejos"*.

Hasta ahí, ningún problema.

Pero algunos medios publicaron, en referencia a *Einstein*, que "él también era revolucionario, aunque en el orden científico", y que las cuestiones sociales le preocupaban también muchísimo.

Tanto la entrevista como lo que de ella se publicó no cayó bien en determinados sectores sociopolíticos. Consideraron que la referencia a la revolución era "ir demasiado lejos".

Pero la cuestión es que *Einstein* tampoco se sintió cómodo. En los próximos días estaban previstos varios actos en su honor que contarían con la presencia del rey Alfonso XIII y sus supuestas declaraciones le colocaban en una situación incómoda.

Según manifestó a Andrés Révész –el periodista de *ABC* que el día 1 de marzo, a bordo del tren que le llevaba a Madrid, le realizó la única entrevista que concedió en España– sus palabras habían sido malinterpretadas. Se reafirmó en su apoyo a la lucha contra las injusticias sociales pero se manifestó contrario al comunismo.

Respecto a sus polémicas palabras, culpó a los periódicos de escribir lo contrario de lo que él dijo:

"Dije que no soy revolucionario, ni siquiera en el terreno científico, puesto que quiero conservar cuanto se pueda y pretendo eliminar tan sólo lo que imposibilite el progreso de la ciencia, y que debía hacerse lo mismo en la sana evolución política".

De hecho, durante su viaje por España nunca presentó la relatividad como una revolución sino como una extensión de la física de *Galileo* y *Newton*.

¿Dónde había estado la causa de la información errónea? *Glick* lo considera una confusión de tipo lingüístico dado que la entrevista se realizó en alemán y francés y la prensa puso en boca de *Einstein* palabras y frases que, en realidad, habían sido expresadas por Pestaña. Algo así como que ellos eran revolucionarios en el terreno social y *Einstein* lo era en el campo de la ciencia.

El movimiento anarquista, en general, y el anarcosindicalista, en particular, siempre reivindicaron la figura de *Einstein*. Aún sabedores de la distancia ideológica que les separaba del físico alemán, siempre lo consideraron un revolucionario de la ciencia y un hombre de sólidos principios éticos. Y eso, al decir de ellos, les unía.

De hecho han pasado casi cien años desde aquella entrevista y todavía es posible encontrar referencias a ella en las publicaciones y páginas web de organizaciones libertarias y anarcosindicalistas.

No de revolución pero si sobre el nacionalismo y las identidades catalanas, cultural y política, hablaron *Albert Einstein* y Rafael Campalans. Y, por lo que parece, las conversaciones tuvieron alguna influencia en este último.

Campalans era un dirigente político catalán que se definía como socialista y nacionalista.

En algún momento del tiempo que pasaron juntos durante esos días de febrero, Campalans debió de explicar a *Einstein* la lucha de los catalanes por el respeto a su identidad (según *Glick* pudo ser el 14 de marzo –día que *Einstein* pasó en Barcelona de camino a Berlin tras su estancia en Zaragoza– puesto que sin compromisos públicos es posible que, el político catalán y el científico alemán, pudieran hablar con mayor detenimiento).

Por su parte, *Einstein* llamó la atención de Campalans sobre las connotaciones de la palabra "nacionalista" y de lo inapropiado de la denominación debido a que, en Europa, el término era utilizado por algunos movimientos fascistas. Para el físico alemán, el nacionalismo era reaccionario y antidemocrático.

Rafael Campalans debió de convencerse pues, a partir de ese momento, comenzó a utilizar el término "catalanista". De esa forma evitaba coincidencias mal sanas.

Una velada para el recuerdo

Esa misma noche tuvo lugar uno de los actos privados más importantes organizados para homenajear a *Albert Einstein*.

La organización del mismo corrió a cargo de Rafael Campalans y su esposa, Conxita Permanyer, que actuaron de anfitriones y además de los *Einstein* y algunos científicos relativistas se sabe que asistieron el cónsul de Alemania, *Ulrich von Hassell* y el abogado y miembro de la Lliga Regionalista, Miquel Vidal i Guardiola, que había sido la persona que había traducido al catalán el discurso que *Einstein* pronunció en la recepción del Ayuntamiento en la que fue elegido Huésped Ilustre de la Ciudad de Barcelona.

Así introducen Emma Sallent Del Colombo y Antoni Roca Rosell el trabajo de investigación histórica al que denominaron *La cena "relativista" de Barcelona (1923)*:

"Un estudio histórico centrado en un menú de 1923 puede parecer excéntrico o extravagante. Sin embargo, la cosa cambia si nos referimos a una cena ofrecida a Albert Einstein en Barcelona, en homenaje a sus contribuciones a la física.

El menú se redactó en latín con referencias humorísticas a la relatividad. La cena refleja la atmósfera cordial y el clima de buen entendimiento que Einstein encontró en Barcelona".

Como ya se ha comentado se trató de una cena privada. El menú, del que se conserva un ejemplar en el Fondo Terradas del Institut d´Estudis Catalans, estaba escrito en lo que los diarios de la época denominaron como *latín relativista*.

Si se analiza la visita del profesor alemán a la ciudad condal, la cena en casa de Campalans no dejó de ser un evento privado y, por supuesto, de rango menor pero aporta información sobre el clima de amabilidad que quisieron crear todos los que, de una u otra manera, estuvieron implicados en la organización de la visita.

De hecho, esta invitación a cenar no fue la única que *Einstein* recibió. Concretamente la noche del día anterior, lunes 26, el presidente de la Mancomunitat, Josep Puig i Cadafalch, había organizado otra en el Hotel Ritz que contó con la presencia del alcalde de Barcelona y, presumiblemente, de Rafael Campalans.

Campalans sentía una gran admiración por *Einstein*. Le admiraba como científico pero le respetaba por su ética y las ideas de justicia social que siempre había defendido. Es de suponer que fueron este respeto y admiración lo que le llevaron a organizar esta cena en su honor.

El menú, del que se conservan unas cuantas copias, fue impreso con un esmero extraordinario. Se diseñó en estilo novecentista, el movimiento estético y cultural del momento, y con letra gótica, en un guiño a Alemania, país en el que este tipo de letra estaba de moda.

Muestro a continuación la versión en castellano realizada por Emma Sallent y Antoni Roca:

"*Cena en honor del doctor Einstein pontífice de la ciencia:*

Tiempo local: Día segundo antes de las calendas de marzo del año XLIV de la era Einsteiniana (1923).

Lugar: Residencia de Campalans, estudioso catalán de Barcelona.

Sólidos: Canelones a la Fizeau; Langostinos y mejillones a la Gauss con salsa mayonesa en el perihelio; Habas a la Lorentz transformadas a la catalana; Faisán plateado a la Minkowski en cuatro dimensiones; Hombre platónico según Diógenes (Pollo) con salsa a la Michelson; Helado continuo euclídeo; Enquesadas del Horno de Sant Jaume, y repostería a la Weyl, simultáneas; Fruta de Galileo.

Líquidos: Castell del Remei gravitatorio (Vino); Jerez inercial Tío Pepe; Manzana pequeña con efecto Doppler (Sidra); Champagne Codorniu relativista que deflecta la luz; Café de Sobral (Brasil) con licores espirituosos y vectores de tabaco".

Una cena realmente copiosa en honor de un hombre que, por lo que se sabe, era una persona bastante frugal. Pero, claro está, *Einstein* no era el único comensal.

Si el lector ha leído con detenimiento, en cada uno de los platos existía alguna referencia a *Einstein*, a sus contribuciones o a alguno de los científicos que históricamente le precedieron. Aunque, en palabras de Sallent y Roca, no siempre les resultó fácil encontrar dichas referencias.

Veamos algunos ejemplos, extraídos del trabajo de estos dos investigadores:

"*Las habas a la Lorentz transformadas a la catalana son una referencia clara a uno de los ejes de la relatividad restringida, las transformaciones mediante las cuales las leyes de la física son invariantes.*

El faisán plateado se anuncia en cuatro dimensiones a la Minkowski, antiguo profesor de Einstein, que propuso la formulación de la relatividad en cuadrivectores (en la teoría de la relatividad, representación matemática de una magnitud vectorial en forma de vector de cuatro dimensiones).

Que un hombre platónico según Diógenes sea un pollo forma parte de la tradición filosófica. Platón definió el hombre como a un bípedo sin plumas. Diógenes el cínico, para burlarse de esta definición, le envió un pollo desplumado.

Que el helado es continuo y euclídeo, teniendo en cuenta que Einstein empleó la geometría no euclídea, quizás quiere decir que el helado era tradicional".

Las referencias cómicas o más bien irónicas continúan en los vinos:

"El vino Castell del Remei se califica de gravitatorio, quizás insinuando su contundencia.

El jerez Tío Pepe, en cambio, es inercial, es decir que está en reposo o se mueve con movimiento uniforme.

El champagne Codorniu es relativista y deflecta la luz, probablemente haciendo referencia al carácter translúcido que tiene el cava al mirarlo a contraluz".

Menú de la cena en honor a Albert Einstein en casa de Rafael Campalans

En su investigación, Sallent y Roca detectaron un error. Si tenemos en cuenta que los romanos contaban los días hacia atrás y que en su calendario las calendas eran el primer dia del mes, como la cena tuvo el día 27 de febrero, la fecha que debería haber aparecido en el menú debería haber sido *III Kalendas* en lugar de *II Kalendas* (fecha que correspondería al 28 de febrero).

Y eso, sin tener en cuenta, que en Roma no se empleaba el término "segunda calenda" sino que se hablaba del *pridie* (el día anterior). De hecho si la cena hubiera tenido lugar el día 28, en lugar de *III Kalendas* lo correcto habría sido indicar *Pridie Kalendas Martias*.

En cuanto al año, 44 de la era einsteiniana, no hubo error. El físico alemán nació el 14 de marzo de 1879. Como las eras cronológicas no tienen año cero, 1879 sería el año 1 de la era einsteiniana y, por tanto, el 14 de marzo de 1923 *Einstein* cumpliría 44 años y, consecuentemente, acabaría el año 44 de su era.

Cabría preguntarse quién o quiénes fueron los artífices de esta cena tan ingeniosa. Con la ayuda de Sallent y Roca vamos a intentar dar respuesta a esta cuestión.

Como ya se ha comentado, los anfitriones fueron Rafael Campalans y su esposa. Parece lógico pensar que ellos eligieran el menú; sin embargo, según los descendientes de la familia, fue la madre de Campalans quien lo cocinó.

No sería de extrañar que en la elaboración del menú y en la elección de los nombres de cada uno de los platos hubieran intervenido, además de Campalans, otras personas. Si esto fue así, se trataría de colegas o amigos y, lógicamente, todos ellos con conocimientos relativistas. Ello limitaría los posibles candidatos.

Uno podría haber sido Casimiro Lana Sarrate, teniendo en cuenta la relación profesional que le unía a Rafael Campalans —ambos eran profesores en la Escola Industrial–. Desde el punto de vista profesional y por la relación que mantenía con los anteriores, Esteve Terradas podría haber sido un buen candidato. No obstante, como muy bien indican Sallent y Roca, con su hija casi de cuerpo presente, habría que descartarlo como partícipe en una broma de este tipo.

Menos descartable parece la participación de Bernat Lassaleta i Perrin, ingeniero, ex futbolista —durante las temporadas 1902-1903 y 1903-1904 formó parte del primer equipo del FC Barcelona–, interesado por la relatividad y compañero de trabajo de los anteriores.

Plantilla del FC Barcelona en 1903.
Lassaleta aparece sentado a la derecha

Además, habría otro nexo de unión entre ellos: junto a Esteve Terradas todos estuvieron presentes en la visita que *Albert Einstein* realizó, dos días, antes al Poblet.

¿Quiénes fueron los comensales? Con ayuda de los diarios de la época podemos establecer la relación de las personas que ocuparon asiento en la cena de los Campalans: el cónsul de Alemania, *Ulrich von Hassell* –en 1944 sería ejecutado por su participación en "*el complot del 20 de julio*", el atentado con bomba del que *Hitler* salió ileso– y su esposa, *Ilse von Tirpitz*; Casimiro Lana Sarrate, y el abogado Miquel Vidal i Guardiola.

Ulrich von Hassell enjuiciado en 1944

Aunque el nombre de Bernat Lassaleta i Perrin no aparece en los periódicos todo hace suponer que también estuvo presente en la cena. Lo mismo cabe decir de Esteve Terradas. En su caso con más razón, pues una copia del menú, como ya se ha comentado, se encuentra depositado en el Fondo Terradas del Institut d'Estudis Catalans.

No se tiene constancia de en torno a qué giró la conversación. Teniendo en cuenta el diseño del menú, es casi seguro que cada plato mereció un comentario y, debido a que algunos de los invitados eran ajenos al mundo de la física, más de una explicación.

Por otro lado, puesto que varios de los comensales eran alemanes y el resto de ellos amantes de la cultura germánica, es muy probable que existiera entre ellos una gran sintonía. En el caso de *Einstein*, Campalans y Terradas se podría hablar, incluso, de cierta complicidad más allá de la física y la relatividad (los tres habían firmado, años atrás, sendos manifiestos en contra de la guerra entre europeos).

Algo que los anfitriones trataron con muchísimo esmero fue el aspecto musical. Desde luego, la música no podía faltar en una cena en la que el homenajeado era un gran melómano y, como cabía esperar, los anfitriones estuvieron a la altura.

La soprano Andreua Fornells i Vilar, solista del Orféo Català, y un jovencísimo Regino Sainz de la Maza (tenía en aquel momento 26 años y ya era un reputadísimo concertista de guitarra), muy amigo de Campalans, pusieron la guinda musical a una noche que, sin duda, sería recordada con agrado por todos los que tuvieron la fortuna de vivirla.

Parece ser que a la velada musical fue invitado, también, Eduard Toldrà, uno de los músicos y compositores catalanes más importantes de la primera mitad del siglo XX, pero no pudo asistir.

De esta manera resumía la cena en casa de Rafael Campalans *La Veu de Catalunya* del 28 de febrero de 1923:

"Fue servida la cena conforme a una lista, bellamente impresa, en carácter gótico, a dos tintas, y escrita en latín relativista para dar carácter, más o menos, a la teoría de la relatividad.

(...) La distinguida señora Campalans hizo gentilmente los honores de la casa y asistieron a la cena el cónsul de Alemania y Vidal i Guardiola.

(...) Sainz de Maza ejecutó bellísimas composiciones de guitarra.

(...) El Trío Barcelona interpretó piezas escogidas de su mejor repertorio.

(...) La notable soprano Andreua Fornells cantó una selección de canciones de la tierra.

(...) El eminente profesor se sintió muy complacido, admirando en especial manera y con vivísimo interés las canciones catalanas".

En el diario en el que *Einstein* reflejó sus impresiones sobre el viaje a España dedicó, sólo, unas pocas líneas a su estancia en Barcelona. En él reflejó la fatiga que le inundó pero destacó también la amabilidad y la calidez con la que fue acogido. Con toda seguridad, al escribir estas palabras, *Einstein* tuvo presente la cena que Rafael Campalans organizó en su honor y los "detalles relativistas" que este y el resto de asistentes le brindaron.

Recíprocamente, es fácil imaginar que el contacto con el físico alemán tuvo que dejar un hondo recuerdo en todos aquellos que compartieron con él esos días. Un ejemplo de ello sería que Rafael Campalans llamó Albert a uno de sus hijos, nacido en 1924.

Último día entre amigos y admiradores

El miércoles 28 de febrero fue el último día que *Albert Einstein* pasó en Barcelona.

La jornada comenzó con una visita de un marcado interés social, seguramente organizada por Campalans, a la Escola Industrial o Universitat Nova de Barcelona.

Se trataba de uno de los proyectos más importantes de la Mancomunitat o, lo que es lo mismo, del catalanismo y en el que paradójicamente, si se tienen en cuenta las luchas sociales que en aquellos momentos existían en Cataluña, estaban comprometidos tanto el empresariado catalán como el movimiento obrero.

La suposición de que la visita fuera organizada por Campalans vendría sustentada en que, en aquel momento, era el director de la Escola del Treball, un centro importante de formación profesional adscrito a la Escola Industrial.

Aunque durante la visita es posible que visitaran el laboratorio general de ensayos, realmente se trató de una recepción seguida de un recital de sardanas y canciones populares.

Por el diario *La Publicitat* del día 28 conocemos que la Cobla Barcelona interpretó las sardanas y la Penya de la Dansa de la Associació d´Estudiants de la Universitat Nova ejecutó las danzas.

En alguna de las fotos que "inmortalizaron" el momento, además del físico alemán, aparece Casimiro Lana Sarrate quien, como se recordará, había participado en la no fácil misión de traer a *Einstein* a España.

Einstein (centro) en la Escola Industrial de Barcelona

Uno de los regalos que ofrecieron a *Einstein* fue un par de discos de sardanas. Justo dos años después, en el otoño argentino, el físico explicaba a un periodista en Buenos Aires que, de vez en cuando, aún escuchaba las grabaciones que le habían regalado en Barcelona.

Por cierto que, al respecto de la sardana, en algún momento llegó a decir que "era un baile muy distinguido que revelaba la esencia del pueblo catalán".

En fin, tal vez las sardanas le gustaran de verdad pero, en todo caso, no dejaba de ser lo que se esperaba que dijera.

Al filo del mediodía, *Albert Einstein*, acompañado entre otros por Lana Sarrate realizó un paseo en canoa por el puerto de Barcelona. Y aunque *Einstein* disfrutara del paseo, es casi seguro que no experimentó la misma sensación de libertad que cuando realizaba una de las grandes aficiones que mantuvo a lo largo de toda su vida y que llegó a ocasionarle algún que otro susto: navegar en barca por sus amados lagos.

El puerto de Barcelona con las barcas de paseo (1920)

Einstein en la escollera del puerto de Barcelona

Por la tarde, *Einstein* dictó la cuarta de sus conferencias. Como ya quedó dicho, tuvo lugar en el mismo emplazamiento que las dos primeras, la Sala de Sesiones del Palau de la Diputació, y en ella el sabio alemán abordó los problemas que debía superar la relatividad en el momento presente.

La prensa tuvo el mismo comportamiento que había mostrado en las conferencias anteriores. Mientras que algunos diarios se limitaron a ofrecer escuetos resúmenes de la charla otros enviaron a cubrir la conferencia a personas con contrastados conocimientos científicos. Entre estos últimos podríamos citar a Ferran Tallada, al que ya hicimos mención, reconocido experto en análisis matemático y profesor de esta disciplina en la Escuela de Ingeniería Industrial de Barcelona, que fue quien realizó las crónicas de las tres conferencias –primera, segunda y cuarta– en *La Vanguardia*.

La Publicitat también incluyó crónicas de las conferencias firmadas por algunos escritores de renombre. Concretamente el día 4 de marzo apareció la del poeta, novelista y dramaturgo Josep Maria de Sagarra.

Con la calidad literaria que le caracterizaba, Sagarra realizó una descripción de la figura humana de *Albert Einstein* y, en un gesto que tendría su repetición en Zaragoza días después, lamentó que no se hubiesen conservado las pizarras que el físico alemán utilizó para sus explicaciones.

J. M. de Sagarra hacia 1920

Einstein abandonó Barcelona en ferrocarril, el jueves día 1 de marzo por la mañana, con destino Madrid. Por su diario conocemos que entre las personas que fueron a despedirlo a la estación de Francia se encontraban Esteve Terradas, el cónsul alemán *Ulrich von Hassell* y su esposa, *Ilse von Tirpitz*.

Curiosamente, *Einstein* no nombra a *Ilse von Tirpitz* por su nombre sino que se refiere a ella como "*la hija de Tirpitz*".

Según recuerda *Thomas F. Glick*, se trataba de la hija de un militar alemán muy conservador, por quien *Einstein* no mostraba simpatía alguna.

El militar en cuestión era *Alfred von Tirpitz*, Almirante y Comandante de la Marina Imperial Alemana que llegó a ser ministro de Marina y Gran Almirante durante la Primera Guerra Mundial y que, al finalizar su carrera militar, se dedicó a la política llegando a ser representante en el *Reichstag* del Partido Popular Nacional Alemán, partido ultraconservador que era una alianza de nacionalistas, monárquicos reaccionarios y antisemitas.

Despedida a Einstein en la Estación de Francia de Barcelona

Todos los historiadores que han estudiado la estancia de *Einstein* en Barcelona coinciden en que se marchó de esa ciudad tras haber pasado unos días muy agradables. Eso es, además, lo que revelan los escuetos comentarios que sobre esos días aparecen en su diario:

"*22-28 de febrero. Estancia en Barcelona. Mucha fatiga, pero gente amable (Terradas, Campalans, Lana, la hija de Tirpitz), canciones populares, bailes, Refectorium. ¡Ha sido agradable!*

2 de marzo. Llegada a Madrid. Partida de Barcelona, cálida despedida. Terradas, cónsul alemán y la hija de Tirpitz, etc.".

Desde luego, lo que más llama la atención de estas anotaciones son la brevedad de las mismas. Daría la sensación de que *Einstein* no hubiera tenido tiempo para realizarlas en su momento y que hubieran sido escritas a posteriori, después de haber abandonado Barcelona.

Nótese cómo a pesar de reconocer la fatiga del viaje antepone a ello la amabilidad de la gente y la calidez con que ésta le despidió. Y, el diario, transmite la idea de que no olvidó los bailes y las sardanas que fueron interpretadas en su honor durante la visita que realizó a la Escola Industrial.

Inicialmente, la referencia al *Refectorium* fue interpretada por *Glick* como comida (comedor). Pero, en realidad, podría tratarse de un local de moda que con ese nombre se encontraba en la Rambla de Barcelona y donde, al parecer, *Einstein* se tomó un café con leche.

No sorprende, en absoluto, la relación de nombres que figura en el diario. Al margen de las diferencias ideológicas que pudieran existir entre ellos, las referencias al cónsul alemán y a su esposa estarían justificadas puesto que mantuvieron una presencia continuada en los actos en honor a *Einstein* y ello porque, para el Gobierno alemán, la presencia de *Albert Einstein* en España tenía una relevancia especial dado que tras el Pacto de Versalles, que selló la derrota de Alemania en la Primera Guerra Mundial, los científicos alemanes no recibían invitaciones a excepción de países neutrales, como España.

En cuanto a Esteve Terradas, Rafael Campalans y Casimiro Lana, lo extraño habría sido que sus nombres no hubieran figurado en el diario.

Ellos fueron los coprotagonistas de aquellos días y, con su actitud, pusieron su grano de arena para que el paso de *Einstein* por la ciudad de Barcelona ayudara a crear una comunidad científica moderna en Cataluña en un momento en el que, a pesar de existir un compromiso institucional para ello, las circunstancias no eran muy favorables.

La prensa catalana así lo entendió. Como destaca Antoni Roca Rosell, en su artículo *La amable visita de Einstein a Barcelona en 1923*, días después de finalizar la visita de *Einstein* a España, *Diario de Barcelona* hizo un balance del conjunto de la visita y una de sus conclusiones fue que mientras que en Barcelona se había hecho un planteamiento de trabajo, la estancia en Madrid había sido excesivamente formal.

¿Ocurrió realmente así o la opinión del periódico obedecía a la rivalidad tradicional entre las dos principales capitales de provincia de España?

Una cosa es cierta: Cataluña mantuvo siempre vivo el recuerdo de *Einstein*. Prueba de ello es que, a los pocos días de partir hacia Madrid, varios miembros de la Real Academia de Ciencias y Artes de Barcelona –entre ellos, Tomás Escriche i Mieg, Bernat Lassaleta y Ferrán Tallada– propusieron al físico alemán como miembro extranjero de dicha institución, adscrito a la Comisión permanente de Física.

Eso ocurría el 6 de marzo de 1923. El día 22 de ese mismo mes la propuesta fue admitida por la sección 2ª y el 13 de abril aprobada por la Junta Directiva. Finalmente, el nombramiento fue aprobado en Junta General el 29 de mayo de 1923.

El 5 de junio la Real Academia de Ciencias y Artes de Barcelona remitía a *Albert Einstein* la siguiente notificación:

"Esta Corporación, en Junta General celebrada el día 29 de mayo último, eligió a V.I. académico correspondiente permanente de Física.

Lo que tenemos el honor de participar a V.I. incluyéndole el diploma y un ejemplar de los Estatutos y otro del Reglamento vigentes, esperando se servirá manifestar si acepta el citado nombramiento".

Albert Einstein firmó el recibí y la aceptación del nombramiento, en Berlín, el día 20 de junio de 1923:

He recibido del Secretario de la Real Academia de Ciencias y Artes de Barcelona mi diploma de académico correspondiente quedando al propio tiempo enterado de los estatutos y reglamento de la Corporación.

Berlín de 20. VI de 1923

Albert Einstein.

El homenaje de la Academia no sería el último de los que recibiera el físico alemán de la ciudadanía catalana. En 1934 se le nombró ciudadano honorario de Cataluña y el Gobierno de la Generalitat le invitó a visitar Cataluña, de nuevo.

Einstein expresó su gratitud por la distinción pero desechó la oferta del viaje alegando motivos de salud.

ALBERT EINSTEIN EN MADRID

Como ya quedó dicho, *Albert Einstein* partió de Barcelona, con destino Madrid, la mañana del jueves 1 de marzo de 1923. Según el diario *El Sol* del día 2 de marzo, el matrimonio *Einstein* prefirió *"hacer el viaje de día para contemplar las campiñas españolas"*.

El físico alemán llegó a la capital de España al filo de la media noche pero, a diferencia de lo que había ocurrido con su llegada a Barcelona, ello no impidió que un número importante de autoridades y profesores, y varios familiares de su esposa *Elsa* acudieran a recibirle.

Sin embargo, y curiosamente, en su diario no hizo ninguna referencia ni al hecho en sí ni a los componentes del "comité de bienvenida". No deja de ser llamativo puesto que, entre estos últimos, había alguien a quien *Einstein* no sólo conocía, sino que admiraba.

Efectivamente, Blas Cabrera recibió a *Einstein* y después le presentó a las personas que permanecían en el andén, al lado del tren detenido: el físico y astrónomo, Pedro Carrasco Garrorena; el matemático, Francisco Vera Fernández de Córdoba; el matemático, José María Plans y Freire; y varios miembros de la Facultad de Ciencias.

Einstein, a su llegada a Madrid, en la Estación de Mediodía

Según *Thomas F. Glick*, *Einstein* –que llevaba en la mano dos álbumes de fotografías y la traducción que de su libro sobre la teoría de la relatividad había realizado Fernando Lorente de Nó– pronunció

unas breves palabras de cortesía en francés imaginando, seguramente, que en este idioma se haría entender más fácilmente y finalizada su pequeña alocución saludó con mayor detenimiento a unos primos de su esposa *Elsa* que residían en Madrid, *Lina* y *Julio Kocherthaler*:
"*Eh bien!, qu'est-ce qu'il faut faire?*
Sortir!, exclamó don Julio".

Durante el trayecto en ferrocarril, que le había conducido desde Barcelona hasta la capital de España, ocurrió algo realmente reseñable: tuvo lugar la única de las entrevistas que *Albert Einstein* concedió durante su estancia en España.

De hecho, cabría decir que el científico alemán fue literalmente asaltado por un periodista germanoparlante de *ABC*, Angel Révész, que gracias a su habilidad consiguió que, en el trayecto de Guadalajara a Madrid, el genio alemán le hablara de su vida, de sus gustos y lecturas y, lo que realmente era noticia en aquellos días, de su controvertida entrevista con el dirigente anarquista Angel Pestaña.

La primera conferencia

Durante los días que *Albert* y *Elsa Einstein* pasaron en Madrid se alojaron en el Hotel Palace y –sólo para mitómanos– en él ocuparon las habitaciones 375 y 376.

El Hotel Palace madrileño en una tarjeta postal de 1920

Fueron muchos los que a lo largo de esos días pretendieron entrevistar, saludar o simplemente conocer al ocupante de esas habitaciones. Los primeros una delegación de estudiantes de la Facultad de Ciencias que, a media mañana del día 2, se personaron en el Palace para saludar a *Einstein* pero se encontraron con que el matrimonio ya había salido del hotel.

Unas horas antes, los *Einstein* habían abandonado sus habitaciones, acompañados por el matrimonio *Kocherthaler* –se trataba de una antigua familia de banqueros alemanes–, y, en esos momentos, estaban disfrutando de un paseo en automóvil por la ciudad.

Sabemos por los diarios que *Einstein* pasó buena parte de su primer día en Madrid junto a Blas Cabrera en el laboratorio de este, el Instituto de Investigaciones Físicas.

Considero de justicia aprovechar la visita de *Albert Einstein* al laboratorio de Blas Cabrera Felipe para ofrecer al lector unas pocas notas biográficas de este canario que se trasladó a Madrid para estudiar Derecho y que, tras entrar en contacto con el círculo de Cajal en las tertulias del Café Suizo, cambió estos estudios por los de Física para convertirse, años después, en una de las figuras más importantes, sin ningún género de dudas, de la ciencia española.

Licenciado en Ciencias Físico-Matemáticas por la Universidad Central de Madrid. Doctor en Ciencias Físicas por la misma universidad. Socio fundador de la Sociedad Española de Física y Química. Catedrático de Electricidad y Magnetismo en la Universidad Central. Miembro de la Real Academia de Ciencias Exactas, Físicas y Naturales. Director del Laboratorio de Investigaciones Físicas de la Junta de Ampliación de Estudios e Investigaciones Científicas. Hasta aquí podría considerarse el "curriculum español" de Blas Cabrera.

En 1912 tras ser pensionado en Zurich por la Junta de Ampliación de Estudios comenzaría una carrera internacional que compaginaría con importantes desempeños en nuestro país: Presidente de la Sociedad Española de Física y Química, Miembro del Comité de Pesas y Medidas de París, Académico de Ciencias de París, Miembro del Comité Solvay, Rector de la Universidad Central, Director del Instituto Rockefeller (Instituto Nacional de Física y Química), Secretario del Comité Internacional de Pesas y Medidas, Presidente de la Academia de Ciencias de Madrid, Rector de la Universidad de Verano de Santander y Miembro de la Academia Española de la Lengua.

La sublevación militar de 1936 le sorprendió en Santander y ese mismo año abandonó España con destino París, ciudad en la que permanecería hasta 1941, año en el que se exiliaría a México. Allí fallecería cuatro años después.

Ya comenté que Blas Cabrera fue uno de los primeros españoles en hacer propio el significado de la relatividad. La ponencia que, junto a Esteve Terradas, presentó en el Primer Congreso de la Asociación Española para el Progreso de las Ciencias, celebrado en Zaragoza en 1908, sería la prueba irrefutable de ello y marcaría el comienzo de la relatividad en nuestro país.

Einstein y Cabrera, que se habían conocido en Zurich en 1912, llegaron a trabar una sincera y duradera amistad que se concretaría en reconocimientos por ambas partes: Cabrera fue una pieza importante del viaje de *Einstein* a España y *Einstein*, junto a *Marie Curie*, sería la llave que abriera la puerta de Cabrera en el *Comité Solvay* de Bruselas, en el que participó en las reuniones de 1930 y 1933.

Einstein con Cabrera en el Laboratorio de Investigaciones Físicas de la JAE

También por los periódicos conocemos que, casi como una obligación, la música puso punto final al primer día de estancia del físico alemán en la capital de España. Eso sí, de una manera muy distinta a como había previsto Cabrera y de la que, a buen seguro, el físico canario fue el primer sorprendido.

Efectivamente, conociendo la afición de su colega por la música clásica, Blas Cabrera había previsto la asistencia a un concierto pero *Einstein* mostró su deseo de ver algo más "español".

Pues bien, esa noche, la compañía que representaba la revista musical "*La Tierra de Carmen*" en el teatro *Apolo* contó entre sus espectadores con la presencia del afamado profesor alemán.

La noticia pudo leerse, entre otros diarios, en *El Debate* del día 3 de marzo:

"*Por la tarde se había pensado en que el profesor acudiese al concierto de la Filarmónica en Price, pero el señor Einstein advirtió a sus acompañantes que deseaba ver representaciones de obras españolas, y entonces se cambió el itinerario y se le llevó al teatro Apolo a ver la representación de La Tierra de Carmen*".

El sábado día 3 *Albert Einstein* ofreció la primera de las conferencias previstas. Eso sería por la tarde, pero para entonces el día ya había dado mucho de sí.

Enamorado de las artes plásticas, por la mañana, después de dar un paseo con los *Kocherthaler*, realizó una visita al Museo del Prado. Como veremos, más adelante, no sería la única.

Joaquín Ruíz Giménez hacia 1905

Después de abandonar la pinacoteca madrileña fue recibido en el Ayuntamiento de Madrid por su alcalde, Joaquín Ruiz Giménez, quien ostentaba el bastón de mando de la capital de España por tercera vez, tras haber sido ministro en otras dos ocasiones.

Con esa visita, *Albert Einstein* agradecía el mensaje de bienvenida que el pleno del ayuntamiento le había dirigido el día anterior:

"(...) El pueblo español, cuya representación suprema radica en esta capital, se siente orgulloso y honrado por vuestra visita. Reconoce en el sabio Einstein, admirado hoy en el mundo entero civilizado, el generoso y fecundo poderío de la Ciencia, flotando como única bandera por encima de todas las diferencias, de todas las luchas, de todos los dolores humanos" (Diario *El Sol* del 3 de marzo de 1923).

Elsa y *Albert Einstein* comieron ese día en la vivienda de los *Kocherthaler*, en la calle de La Lealtad 5 y 7, y a continuación tuvo lugar un hecho que no deja de resultar curioso: el científico alemán percibió, por adelantado, de manos del secretario de la Facultad de Ciencias, el importe de las tres conferencias que iba a impartir y que ascendía a la cantidad de 3.500 pesetas.

De esta manera recogía el hecho el periódico *El Debate*, en su edición del sábado 3 de marzo:

"Después de comer le fueron entregadas por el secretario de la Facultad de Ciencias 4.022 pesetas y 95 céntimos, cantidad así fijada para que lleguen a manos del sabio las 3.500 que por sus conferencias se le ofrecieron.

La razón de la diferencia entre ambas cantidades depende de que la legislación española exige que por utilidades tributen tales pagos el 13 por 100, porcentaje que, unido a las 3.500 pesetas, suman la cantidad entregada.

Esto le fue explicado al sabio alemán cuando se le ponía el recibo a la firma, para justificarle la diferencia que aparecía entre lo firmado y lo recibido, y él rogó entonces que se le diese manera de probar este extremo al llegar a su nación, donde se verá obligado a justificar las cantidades cobradas para pagar el impuesto correspondiente si no lo había hecho ya.

El cajero habilitado de la Facultad entregó al señor Einstein un documento justificativo".

Albert Einstein era una personalidad del mundo de la ciencia y, por ello, su caché era elevado pero –téngase en cuenta– la cantidad que cobró equivalía más o menos al salario anual de cualquier profesor universitario en nuestro país.

Como ya hemos comentado, la primera de las conferencias, sobre la relatividad especial, tuvo lugar a las seis de la tarde en la Facultad de Ciencias de la Universidad Central y a ella asistieron ministros, aristócratas y, por supuesto, matemáticos, físicos y filósofos. El ex primer ministro, Antonio Maura y el ministro de Instrucción Pública y Bellas Artes, Joaquín Salvatella, figuraban entre los presentes.

En su magnífico libro, *Einstein y los españoles*, *Glick* comenta que el físico alemán siempre se preocupó de mejorar sus presentaciones y de adaptarlas a la audiencia que a ellas asistía. Desde luego, en esta ocasión contó con algunos asistentes de lujo.

El acto fue presentado por el físico Pedro Carrasco y, entre los 265 invitados (*El Debate* del 3 de marzo), fueron muchos los hombres de ciencia que siguieron las evoluciones sobre la pizarra de un *Einstein* que, concentrado y con ayuda de una tiza, no paraba de trazar figuras. Entre ellos, el físico Blas Cabrera, el matemático Luis Octavio de Toledo, el físico y matemático José María Plans, el físico Julio Palacios, el matemático Fernando Lorente de Nó y el también matemático, Tomás Rodríguez Bachiller.

Rodríguez Bachiller era en aquel momento un joven licenciado que se encargaba de la edición española de la *Revista Matemática Hispano-Americana,* editada en Argentina por Julio Rey Pastor, y que con ocasión de la visita de *Einstein* a Madrid tuvo la fortuna de poder acercarse al físico alemán.

Tomás Rodríguez Bachiller

Ello fue así porque el diario *El Debate* encargó a Rodríguez Bachiller la preparación de resúmenes de las conferencias y una vez que estos aparecieron publicados el joven matemático le mostró los recortes del diario a *Einstein*.

Parece ser que el sabio alemán aseguró a Bachiller que sus crónicas –las únicas que con números y fórmulas aparecieron en un diario español– eran las mejores de cuantas se habían escrito en todos los países que había visitado.

Si físicos y matemáticos habían protagonizado la sesión de la tarde, la noche iba a ser, casi al cien por cien, exclusividad médica.

Acabada la conferencia, *Einstein* tenía una cita con la clase médica madrileña: el Colegio de Médicos, con su presidente el Doctor Bauer a la cabeza, había organizado en su honor una cena en el Palace.

El acto comenzó a las nueve de la noche y, aparte de otras personalidades del mundo de la empresa y de la política, contó con la presencia de la flor y nata de las ciencias médicas.

Algunos de los que estuvieron presentes fueron el doctor José Rodríguez Carracido, químico y presidente de la Academia de Ciencias; el doctor Florestán Aguilar, prestigioso odontólogo y miembro de la Real Academia de Medicina; el doctor Gustavo Pittaluga, hematólogo y parasitólogo italiano nacionalizado español y el doctor Toribio Zúñiga, farmacéutico y primer presidente de la Real Academia Nacional de Farmacia.

El Imparcial del día 4 de marzo informaba sobre una conversación mantenida tras el banquete por *Einstein* y uno de los editores del citado diario. Según el periódico madrileño, el físico alemán "*era el primero en reconocer que sus teorías encuentran grandes dificultades cuando se intenta llevarlas a la compresión del gran público, pero, a pesar de ello, había encontrado en los periodistas españoles una predisposición admirable a la asimilación de los conceptos de su teoría*".

Miembro Corresponsal Extranjero de la Academia

Como venía siendo habitual desde la llegada de *Einstein* a Madrid, el domingo 4 comenzó con un corto paseo en coche con los *Kocherthaler*. Corto porque *Einstein* tenía que preparar la respuesta al discurso que Blas Cabrera pronunciaría por la tarde en el solemne acto que tendría lugar en la Academia de Ciencias Exactas, Físicas y Naturales.

No había transcurrido un mes desde que un grupo de importantes académicos hubieran presentado, ante la Sección de Ciencias Físico-Químicas de la Academia, la propuesta de nombrar a *Albert Einstein* miembro extranjero de la misma:

"Los Académicos que suscriben tienen a gran honor el proponer para Miembro Corresponsal Extranjero de esta Academia al profesor Einstein, catedrático en Berlín.

No es preciso encarecer sus merecimientos; basta citar su nombre, recordar que va unido a la por tantos títulos famosa teoría de la Relatividad, y que desde los tiempos de Galileo y de Newton nada se ha hecho en la Ciencia que iguale a la trascendencia y al alcance de la concepción verdaderamente genial de Einstein.

Madrid, a 14 de febrero de 1923.

Ricardo Aranaz Izaguirre, Blas Cabrera y Felipe, Ignacio González Martí, Enrique Hauser y Neuburger, José María de Madariaga y Casado, José Marvá y Mayer, José Muñoz del Castillo, José Rodríguez Carracido, José Rodríguez Mourelo".

La propuesta fue aprobada con fecha 28 de febrero de 1923, como quedó recogida en el Acta correspondiente a la Sesión plenaria ordinaria de la Academia de esa misma fecha:

"(...) La misma Sección de Ciencias Físico-Químicas hizo la propuesta de Corresponsal Extranjero a favor del profesor Alberto (en castellano) *Einstein, y la Academia aprobó en el acto la propuesta, por unanimidad".*

El acto del día 4 de marzo, que comenzó a las cuatro de la tarde, fue presidido por el rey Alfonso XIII y, además de los miembros de la Academia con su presidente a la cabeza, el bioquímico y farmacéutico José Rodríguez Carracido, contó con la presencia de un sinfín de personalidades de la sociedad madrileña: el banquero Ignacio Bauer; el ingeniero militar Nicolás de Ugarte; los matemáticos Leonardo Torres Quevedo y Eduardo Torroja, el zoólogo Ignacio Bolívar y un largo etcétera.

El monarca hizo entrega a *Albert Einstein* del Diploma de Académico Corresponsal Extranjero, que le acreditaba como miembro de la Academia, pero el principal interés del acto estuvo en los discursos: el de Rodríguez Carracido y los que intercambiaron Cabrera y *Einstein*.

Rodriguez Carracido, en una breve alocución que *Einstein* calificó como maravillosa en su diario, estructuró la ciencia en tres niveles y dijo de la relatividad que era un ejemplo típico del nivel superior, en el que dominaba la teoría pura.

En su discurso, Cabrera comenzó afirmando que la constancia de la velocidad de la luz, incluida en la teoría especial, estaba demostrada experimentalmente y, además, era irrefutable, desde el punto de vista de la lógica. En su opinión, la relatividad estaba probada y no precisaba de justificaciones adicionales.

Por esa razón, Blas Cabrera, utilizó el resto de su intervención para referirse al efecto fotoeléctrico y al movimiento browniano, las otras importantes aportaciones de *Einstein* a la ciencia física, y a lamentar que los "*esfuerzos* (del científico alemán) *para encontrar la prueba directa de los cuantos de luz, no hubieran obtenido el éxito deseado*".

Cabrera terminó su discurso con unas palabras dirigidas a *Einstein*, en nombre de los científicos españoles, y que, como el lector seguramente recordará, fueron ya incluidas en el capítulo que sirvió de introducción al libro (página 13).

Albert Einstein junto al rey Alfonso XIII. Rodríguez Carracido y Cabrera aparecen a la derecha de la imagen

Einstein, traducido por el químico José Casares Gil, agradeció las palabras de Cabrera porque "*demuestran la forma consciente y cariñosa con que ha estudiado usted el trabajo de mi vida*".

A continuación, el físico germano, se refirió a la "debilidad" de la teoría de los cuantos de luz expresada por Cabrera:

"Creo que únicamente podrán allanarse esas dificultades mediante una teoría que no solamente modifique fundamentalmente el principio de energía, sino que quizá amplíe el de la causalidad".

Destacó, también *Einstein*, la importancia del nuevo campo abierto por *Levi-Civita*, *Weyl* y *Eddington* para unificar gravitación y electricidad.

Las palabras del ministro de Instrucción Pública, Joaquín Salvatella, pusieron fin al acto:

"Al felicitar al profesor Einstein puedo decirle que por voluntad del Soberano y del Gobierno de España ésta está dispuesta a continuar la obra de paz que S. M. el Rey desarrolló durante la guerra y a ayudar en sus investigaciones a los sabios alemanes cuya labor está dificultada actualmente por el estado económico que atraviesa su patria".

En el diario del viaje, al que ya hemos hecho referencia en otras ocasiones, *Einstein* se refiere al rey de España como *"sencillo y digno"* y añade que *"le produjo admiración"*.

Y es precisamente el diario de *Einstein* el que nos conduce al evento que tuvo lugar a continuación.

Té de honor como antesala de la Sociedad Matemática

Aunque *Einstein* lo resumió como *"té en compañía de una aristocrática señorita"*, en realidad fue un acto importante. Un *té de honor* ofrecido por los marqueses de Villavieja, al que el físico alemán accedió a pesar de su aversión a este tipo de actos sociales.

Al *té* no faltó nadie o al menos ninguno de los más relevantes miembros de la intelectualidad madrileña. Y por supuesto, todos ellos (en la mayoría de los casos) acompañados de sus esposas como quedó recogido en la sección de *Ecos de Sociedad* del diario *ABC* del día 6 de marzo de 1923.

A los ya citados, *Kocherthaler*, Salvatella, Carracido, Cabrera, Pittaluga o Aguilar, habría que añadir al médico y pensador, Gregorio Marañón; el director de la Residencia de Estudiantes, Alberto Jiménez Fraud; el historiador del arte, Manuel Bartolomé Cossío; los filósofos,

José Ortega y Gasset y Manuel García Morente; o el escritor, Ramón Gómez de la Serna, que había definido el indomable cabello de *Einstein* como de "*inspirado violinista italiano*", por nombrar a algunos de los más conocidos.

El periodista Gil de Escalante, también en *ABC*, comentaba que el objeto de esa "pequeña fiesta" había sido aunar a las dos aristocracias, "la de la sangre y la de la inteligencia". De hecho al *té*, según expresó el escritor y periodista José María Salaverría, no asistieron ni banqueros, ni industriales ni políticos: únicamente nobles de sangre o de inteligencia.

Y con *Einstein* presente la música no podía faltar.

Según publicó *El Imparcial* el día 6 de marzo –este diario, sin duda por error, cita a los marqueses como de Torrevieja en lugar de Villavieja–, *Einstein* se atrevió a realizar una improvisación al violín acompañando al violinista Antonio Fernández Bordas, discípulo de Pablo Sarasate y, en aquellas fechas, director del Conservatorio Superior de Música de Madrid.

Avanzando en el calendario, ni la prensa ni el diario de *Einstein* nos aportan información acerca de las actividades realizadas por nuestro protagonista durante la mañana del lunes día 5. Únicamente sabemos que comió con *Kuno Kocherthaler*, importante hombre de negocios hermano de *Julio Kocherthaler*.

Por la tarde, *Einstein* tenía una cita importante en la institución que junto al *Laboratorio Matemático* constituía el centro del pensamiento relativista de Madrid: la *Sociedad Matemática* de la Junta de Ampliación de Estudios.

Era tal el compromiso de los miembros de la Sociedad Matemática con la relatividad que a lo largo del mes de febrero de 1923 habían realizado varias reuniones extraordinarias con el único fin de cambiar impresiones acerca de la teoría de la relatividad y, llegado el momento, poder realizar a *Einstein* las preguntas oportunas. En dichas reuniones estuvieron presentes muchos de los miembros de la *Sociedad Matemática* que han ido apareciendo a lo largo de estas páginas: Palacios, Cabrera, Lucini, Plans, Rodríguez Bachiller…

En la reunión con *Einstein* no se trataron problemas conceptuales –téngase en cuenta que todos los participantes eran relativistas– sino únicamente aspectos de aplicación de la relatividad que los matemáticos madrileños necesitaban que se les aclarase –dado que podían plantear cierta confusión– y quién mejor para ello que el propio autor de la teoría.

Se discutieron dos puntos importantes. El nivel de conocimientos requerido para su comprensión excede el de quien esto escribe y, además, la discusión de los mismos no tendría cabida en un texto de divulgación como pretende ser este. No obstante, mostraré una síntesis de lo tratado para que el lector pueda hacerse una idea de los términos en los cuales se llevó a cabo la discusión.

El primero de los puntos, en relación a la relatividad especial, fue planteado por Burgaleta. Según él una solución a la ecuación de D´Alembert podía sugerir *"la existencia de velocidades superiores a la de la luz, sin que ello fuera objeción seria contra la teoría de la relatividad, sino contra ciertas formas de expresión a las que los relativistas eran muy aficionados, sin duda por la costumbre de asombrar al mundo con sus conclusiones"*.

La réplica de *Einstein* fue corta y contundente – *"No se puede considerar un sistema de señales a uno en el que no hay intermisiones en la propagación"*– y, aunque Burgaleta insistió con algún otro ejemplo, *Einstein* no se dio por convencido.

El segundo de los problemas, relativo a la relatividad general fue planteado por Plans. Según este matemático *"existía una aparente imposibilidad de reconciliar una relatividad cinemática para la rotación con la limitación que la velocidad de la luz impone en las posibles velocidades"*.

Einstein respondió al matemático español que *"en su teoría no hay inconveniente en hablar de una dirección absoluta, la del tiempo y, por tanto, respecto de ella, rotaciones absolutas; como que las diferenciales de línea del universo lo son de tiempo propio, se ve la posibilidad de definir, respecto a las direcciones normales a la misma, rotaciones que pueden llamarse absolutas"*.

Como el lector habrá podido comprobar, el tono de las discusiones que los miembros de la *Sociedad Matemática* mantuvieron con el físico alemán no estaba al alcance de cualquiera.

Ya comenté que el joven Rodríguez Bachiller había tenido la fortuna, gracias a sus resúmenes de las conferencias, de poder acercarse al célebre físico alemán. Pues bien, su suerte no acabó ahí.

En la reunión de la *Sociedad Matemática*, Rodríguez Bachiller planteó algunos problemas que se le presentaban a la hora de interpretar la teoría de *Lorentz* de los electrones. Según *Glick*, *Einstein* se encerró con él en una pequeña habitación y durante una hora le explicó dicha teoría "con una claridad extraordinaria".

Ni que decir tiene que Rodríguez Bachiller conservó este recuerdo durante toda su vida y llegó a decir que siempre tuvo la sensación de que *Einstein* prefería la compañía de los jóvenes estudiantes por encima de la de los sesudos profesores.

El encuentro entre dos genios

Esa tarde tendría lugar la segunda de las conferencias, en la que *Einstein* hablaría sobre la relatividad general.

Faltaba poco mas de una hora para ello, pero antes tuvo lugar un encuentro corto pero muy interesante: la visita que el científico alemán realizó al domicilio del eminente científico español Santiago Ramón y Cajal.

En 1923 Cajal tenía 71 años. Había dejado su cátedra un año antes y, prácticamente, vivía recluido en su domicilio soportando estoicamente los dolores que periódicamente le recordaban la malaria y la disentería que había contraído durante su estancia en Cuba. Sus únicas salidas del domicilio familiar eran los pequeños paseos cerca de su casa en la calle de Alfonso XII o los cortos desplazamientos al Instituto Cajal, ubicado, por aquel entonces, en la calle Atocha.

"Jadeante y cansino apenas podía caminar sin fatiga 300 metros. La despreciable altura del cerro de San Blas se me antojaba la cumbre de la Madaleta, y la cuesta de Atocha, la falda del Montblanch". De esta manera tan gráfica describía como era su estado físico en aquella época, en su libro *El mundo visto a los 80 años, Impresiones de un arterioesclerótico*.

Presentaba grandes dificultades para escribir y conversar y las cosas empeoraron todavía más al verse aquejado de una progresiva sordera. Precisamente fue la enfermedad la causa esgrimida por Cajal para excusar su ausencia de la Sesión de la Real Academia de Ciencias, del día anterior, en la que se había nombrado a *Einstein* académico extraordinario.

Don Santiago había sido el gran ausente.

La reunión entre Cajal y *Einstein* fue el encuentro entre dos hombres geniales, uno en el declinar de su fructífera vida y el otro en el apogeo de su reconocimiento y valía. Dos hombres que a pesar de sus diferentes personalidades y campos de trabajo mostraban algunos elementos coincidentes: los dos eran amantes de la vida al aire libre y ambos habían comenzado las investigaciones, que terminarían encumbrándolos, en condiciones difíciles y de escasez económica.

Y también los dos tuvieron que vivir la experiencia dolorosa de ver como reconocidos y laureados colegas atacaban sus investigaciones: *Golgi* en el caso de Cajal y *Lenard*, entre otros, en el caso de *Einstein*.

Santiago Ramón y Cajal hacia 1900

¿Qué es lo que sabía *Einstein* sobre Cajal? Según había comentado a Andrés Révész, el físico alemán conocía a Cajal "por su fama" desde hacía veinte años. Seguramente, Terradas y Cabrera le habrían informado del estado de la ciencia en España pero en todo caso su conocimiento de la figura de Cajal no era, ni mucho menos, exhaustiva.

¿Y que conocía Cajal de *Einstein*? A pesar de que en sus escritos no la nombra, es seguro que había oído hablar sobre la teoría de la relatividad, habría leído sobre ella o habría charlado de ella, con su amigo Blas Cabrera.

No se sabe a ciencia cierta quién o quiénes fueron los artífices de la visita de *Einstein* a Cajal. Podría haber sido Teófilo Hernando, amigo y médico de Cajal –sería uno de los médicos que le asistiría once años más tarde, en el momento de su muerte–, pues está documentado que estuvo presente en algunas de las recepciones que se celebraron en honor de *Einstein*.

Pero el encuentro pudo llevarse a cabo por la intermediación de Gregorio Marañón que era discípulo y gran admirador de Cajal y, como veremos más adelante, sería la persona que presidiera la conferencia que *Einstein* impartió en el Ateneo tres días después.

Y, desde luego, no podemos olvidar a Blas Cabrera, amigo de Cajal y uno de los grandes protagonistas durante los días que *Albert Einstein* pasó en la capital de España.

Fuera quien fuese, tuvo que ser alguien que sintiera una gran estima por Don Santiago pues hubo de conjugar el retiro de este –durante los últimos meses– con el ajustado programa de visitas del científico alemán.

Como ya quedó dicho, la visita hubo de ser muy breve pues poco después *Einstein* tenía que pronunciar en la Facultad de Ciencias de la Universidad Central su segunda conferencia, en esta ocasión sobre relatividad general.

Desconocemos quien organizó el encuentro entre los dos hombres de ciencia y tampoco sabemos de qué temas hablaron. Por no saber, tampoco sabemos el idioma en el que se entendieron, aunque todo haría pensar que fuera en francés pues, a pesar de que ni Cajal ni *Einstein* lo dominaban del todo, era la única lengua común que conocían.

Puede, incluso, que durante la entrevista no estuvieran solos y que alguien actuara de mediador. No es descabellado pensarlo si se tiene en cuenta la sordera que limitaba las conversaciones de Cajal.

Unos meses después, en mayo de 1923, vio la luz la última revisión del libro de Cajal, *Recuerdos de mi vida*, y en ella no figuraba ninguna referencia a este encuentro. Tampoco *Einstein* habló sobre la visita pero, por las escuetas anotaciones que realizó en su diario, hemos de pensar que esta le causó una honda impresión:

"*Visita con Cajal, maravilloso viejo. Gravemente enfermo*".

Tras despedirse del "maravilloso viejo" *Einstein* se dirigió al Aula de Física de la Facultad de Ciencias, al encuentro de los asistentes a su segunda conferencia.

Y lo primero que llamó la atención de la segunda de las conferencias que *Albert Einstein* impartió en la capital de España, en este caso sobre la relatividad general, es que muchas de las personas que habían asistido a la primera conferencia estaban también presentes en ella. Así lo reflejó el matemático y redactor de *El Liberal*, Francisco Vera Fernández de Córdoba, a quien se había encargado realizar resúmenes de cada una de las conferencias impartidas por el genio alemán.

El Imparcial del día 6 daba cuenta de una anécdota simpática. Según el diario, en varias ocasiones *Einstein* no encontró la palabra francesa que debía utilizar y la dijo en alemán. Cuando eso ocurrió, un coro de varias voces se elevó entre el auditorio y tradujo o le ayudó a pronunciar las palabras que se negaban a salir:

"Alguna vez le falta el término preciso, y entonces, con gesto sonriente, dice, en consulta, la palabra alemana, que dos, tres, diez bocas traducen en seguida permitiéndole continuar la disertación.

El maestro, el extraordinario maestro, conviértese así un instante en discípulo de sus alumnos, aun de aquellos que acaso sólo pueden seguir la línea externa de su discurso. La eterna paradoja".

Aunque no sabemos si se refiere al conjunto de las conferencias que ofreció o más concretamente a la tercera –de la que él mismo dijo que sería más difícil de entender –, el breve diario en el que *Einstein* recogió sus recuerdos nos ayuda, también, a conocer su impresión sobre las mismas.

Lacónicamente, el diario muestra una primera impresión: "*auditorio atento*". Ese es un hecho irrefutable. Pero la segunda y última de sus impresiones es más discutible: "*que seguramente no comprendió nada*".

Es cierto que a las conferencias asistieron personas "de todo tipo y condición" y, efectivamente, en muchos casos se trataba de curiosos para los cuales su único interés era ver de cerca al genio alemán. Pero tengamos en cuenta que los miembros de la Sociedad Matemática y muchos miembros de otras Sociedades Científicas no sólo estuvieron presentes en las disertaciones de *Einstein* sino que además, como resaltó Francisco Vera, acudieron a más de una conferencia.

En todo caso y si damos crédito a la anécdota que en 2015 –con motivo del centenario de la Teoría de la Relatividad General– publicó el diario asturiano *La Nueva España*, al margen de los miembros de estas Sociedades Científicas, hubo una persona que sí comprendió las explicaciones del genio alemán:

"*Al día siguiente de una de las charlas, Blas Cabrera fue a recoger a Einstein a su hotel y le pregunto qué tal había pasado la noche. Su respuesta fue que fatal, que no había pegado ojo pensando en las interesantísimas preguntas que le había hecho Monsieur Jérôme.*

Cabrera, sorprendido, intentó averiguar quién era ese Jérôme, y al poco tiempo descubrió, atónito, que se trataba de Jerónimo González Martínez y que, además, no era físico, sino letrado de la Dirección General de los Registros y del Notariado".

Según el historiador asturiano Francisco Palacios, el langreano Jerónimo González fue un eminente jurista que, durante la Segunda República, llegó a presidir la Sala Primera del Tribunal Supremo. Amigo personal de Manuel Azaña lo fue también –aunque pueda resultar extraño– de Carlos Arias Navarro, que había sido alumno suyo y compañero en la Dirección General de Registros del Ministerio de Justicia, bajo las órdenes de Azaña.

Jerónimo González Martínez

El catedrático de Economía de la Universidad de Pensilvania, Jesús Fernández Villaverde, que fue quien rescató la anécdota, llegó a escribir lo siguiente:

"Jerónimo González no debió ser abogado. Si hubiese podido, probablemente hubiese preferido ser matemático o físico, pero no pudo (entre otras cosas, porque en aquellos años la Universidad de Oviedo tenía una oferta de licenciaturas muy escasa).

España hubiera perdido un gran letrado, pero quizá hubiese ganado nuestro primer Nobel de Física o nuestra primera Medalla Fields de Matemáticas".

Se trata, sin duda, de "palabras mayores" pero "ahí quedan".

El diario de *Einstein* recoge una última anotación correspondiente al día 5 de marzo: *"Invitación para cenar por Herr Vogel. Amable, humorístico, pesimista".* Curiosamente, explica *Glick*, el nombre de *Herr Vogel* no figura en ninguna memoria ni artículo periodístico.

¡Pero las casualidades existen! En 1995, ocho años después de la aparición de su libro *Einstein y los españoles*, durante una conferencia en Massachusetts un señor se acercó a *Glick* y le dijo:

"Herr Vogel era primo de mi padre. ¡Era el director del Deutschebank en Madrid!".

De turismo en la ciudad de las Tres Culturas

Por fin un día para descansar.

Al menos con esa intención se proyectó el viaje turístico que el martes día 6 *Elsa* y *Albert Einstein* realizaron a la ciudad de las tres culturas.

Seguramente sin saberlo, el científico alemán seguía los pasos de su colega y amiga *Marie Curie* quien cuatro años antes había visitado Toledo, acompañada por su hija *Irène*, durante la visita que la trajo a España con motivo de la celebración del I Congreso Médico Nacional.

El matrimonio *Einstein*, acompañado por los hermanos *Kocherthaler* y sus esposas, viajó a la ciudad del Tajo junto a José Ortega y Gasset, Gregorio Marañón y Manuel B. de Cossío.

Que se intentó mantener el viaje en secreto, para mantener su carácter privado, lo prueba que a los periodistas se les había comunicado previamente que tendría lugar el fin de semana. No obstante, *ABC* informó del viaje al día siguiente.

Al no existir ningún compromiso en la agenda de *Einstein* el martes 6, Andrés Révész intuyó que ese era el día propicio para visitar

Toledo, toda vez que el físico germano había manifestado sus enormes deseos de conocer dicha ciudad.

Y con la habilidad que le caracterizaba descubrió que las autoridades de Toledo y la policía de la ciudad estaban advertidas de la verdadera fecha de la visita.

Efectivamente, el periodista viajó a Toledo en el expreso de la mañana y a las diez y media se encontró a una multitud expectante que, en la plaza de Zocodover, era contenida por varios guardias.

Esperaban *"a un señor extranjero"* que *"parece que va a venir en automóvil"*, fue la respuesta de uno de los agentes. El periodista no cejó en su empeño y finalmente dio con el ilustre visitante y sus acompañantes en las proximidades del Hospital de Santa Cruz:

"Guten Tag, Herr Professor", le saludó el periodista.

"Guten Tag", contestó un atónito *Einstein* que, alargando maquinalmente la mano, preguntó de repente:

"Pero, ¿cómo lo ha sabido usted? Parece increíble...Yo, he desmentido categóricamente la noticia de mi excursión..."

Pasada la sorpresa inicial y en reconocimiento a la astucia demostrada por el periodista, *Einstein* invitó a este a acompañarles durante la visita. Révész cubrió el recorrido y, "miel sobre hojuelas" su diario publicó la exclusiva al día siguiente.

Elsa Einstein comentaría tras la visita que *"no había visto a su marido tan entusiasmado desde hacía mucho tiempo"*.

Cualquiera que conozca Toledo no se permitiría dudar de la afirmación de la esposa del sabio alemán. Menos aún, tras saber que la comitiva visitó los lugares históricos y artísticos más emblemáticos de la ciudad.

Los inteligentes ojos de *Albert Einstein* brillarían, sin duda, al contemplar el Hospital de Santa Cruz, la Plaza de Zocodover, la Catedral, las Sinagogas del Tránsito y Santa María la Blanca, y *El entierro del conde de Orgaz*, el famoso cuadro de El Greco custodiado en la Iglesia de Santo Tomé.

Y así debió de ser si damos crédito a las anotaciones que realizó en su diario:

"Viaje a Toledo camuflado con muchas mentiras. Uno de los días más hermosos de mi vida. Cielo radiante. Toledo es como un cuento de hadas.

Nos guía un entusiasta viejo hombre que al parecer ha producido algunos trabajos importantes sobre El Greco. Las calles y la plaza del mercado, vista de la ciudad, el Tajo con algunos puentes de piedra; cuestas de piedra, agradables planicies, catedral, sinagoga. Puesta de sol con resplandecientes colores en nuestro regreso. Un pequeño jardín con una vista cerca de la sinagoga. Una magnifica pintura del Greco en una pequeña iglesia (entierro de un noble), entre las cosas más profundas que vi. Un día maravilloso".

Dos instantáneas del viaje de Einstein a Toledo

Contaba Pío Baroja en sus memorias que Ortega le había comentado como *Albert Einstein* no había mostrado demasiado interés en visitar la catedral. Sin embargo en Santa María la Blanca pasó un largo rato rememorando, tal vez, el culto practicado allí por sus antecesores.

Que *Einstein* era un personaje popular quedó patente en la Plaza de Zocodover cuando un número importante de personas se arremolinaron admirados alrededor del físico alemán.

Ante estas muestras de admiración, Ortega comentó que "*Einstein era ya muy conocido en el siglo XIII*". Parece ser que el físico alemán rió la gracia, pero respondió seriamente: "*Yo no tengo sensibilidad histórica. Sólo me interesa vivamente lo actual*".

Ortega y Gasset, el filósofo que gastó esa pequeña broma a *Einstein*, había publicado unos meses antes un ensayo, titulado *El sentido histórico de la teoría de Einstein*, que bien podría considerarse su principal contribución a la relatividad.

Pero su apoyo a las teorías relativistas venía de años atrás pues, junto a García Morente, Xavier Zubiri y Ledesma Ramos, había sido de los primeros filósofos españoles en interesarse por la teoría de la relatividad aunque sus comentarios se hubieran referido principalmente a la relatividad especial, cuya formulación matemática era más fácil de entender.

Lo que sigue es un fragmento del artículo *Con Einstein en Toledo* publicado en *La Nación*, el 15 de abril de 1923, en el que Ortega recoge algunas impresiones del viaje de *Einstein* a la ciudad del Tajo:

"*(...) Me hallaba con Einstein apoyado en el pretil del puente de Alcántara, junto al cual eleva Toledo su encrespamiento urbano. El viejo Tajo, río decrépito, penetraba como una espada fluida entre los flancos de piedra cenicienta que sustentan la ciudad y sus alrededores.*

(...) Es hoy Einstein el hombre de ciencia más popular en el mundo. En medio de la desilusión universal que ha anegado el planeta, Einstein significa el sublime pretexto para una fe que quiere renacer.

(...) Miraba el genial físico la dramática situación de Toledo, que es un cerro agrio, ceñido de otros como él, breñosos, crudos, estériles. No podemos ver un trozo del planeta sin pensarlo como fondo de la existencia humana y escenario de una vida afín. Por eso ante Toledo nos preguntamos: ¿qué historia, qué estilo vital pueden producir cerros semejantes? ¿Para qué sirven en el finalismo telúrico?

(...) Para un habitante de Zurich y Berlín, como es Einstein, tiene que ser inquietante caminar por un pueblo donde, a la ruina romana sucede un gesto visigodo, que concluye en una forma árabe encajada en una grave arquitectura castellana. Aquí han venido, en efecto,

prietas y hacinadas, todas esas culturas. La ciudad sólo tiene escape hacia el cielo".

El hombre, entusiasta y viejo, al que *Einstein* se refiere en su diario y que actuó de guía durante la visita a Toledo no fue otro que Manuel Bartolomé Cossío. En aquel momento contaba 66 años. No era, por tanto, un hombre viejo pero si maduro. Y, ciertamente, irradiaba entusiasmo por los cuatro costados.

Historiador del arte y catedrático de pedagogía, Bartolomé Cossío fue una figura fundamental de la Institución Libre de Enseñanza tras la muerte de Francisco Giner de los Ríos, de quien fue ahijado y su alumno favorito.

Manuel Bartolomé Cossío hacia 1920

Recalcaba *Albert Einstein*, en su diario, los trabajos que "*el viejo hombre*" había realizado sobre El Greco. Efectivamente, en 1908 Cossío publicó la primera gran monografía sobre el pintor cretense. Y fue a partir del trabajo de este historiador cuando El Greco comenzó a ocupar un puesto de honor entre los grandes maestros de la pintura.

Pero, al reivindicar a El Greco, Cossío no sólo lo puso de moda, sino que puso de moda Toledo. En "El arte en Toledo" recogido en el libro *De su jornada*, Cossío escribía:

"Toledo es la ciudad que ofrece el conjunto más acabado y característico de todo lo que han sido la tierra y la civilización genuinamente españolas".

Ocho años después, cuando ya sí se le podía definir como un hombre viejo, Cossío impulsó un proyecto de solidaridad cultural patrocinado por el Gobierno de la Segunda República que logró reunir a más de 500 voluntarios –maestros, profesores, jóvenes estudiantes e intelectuales– que hasta el inicio de la Guerra Civil lograron llegar a más de 7.000 pueblos y repartir más de 600.000 libros.

"Somos una escuela ambulante que quiere ir de pueblo en pueblo. Pero una escuela donde no hay libros de matrícula, donde no hay que aprender con lágrimas, donde no se pondrá a nadie de rodillas como en otro tiempo". Esto decía Cossío, en 1931, en referencia a las *Misiones Pedagógicas*, nombre con el que se conoció a este importante proyecto educativo que él dirigió.

Ni *Glick* ni Sánchez Ron incluyen el nombre de Gregorio Marañón entre los miembros de la "comitiva" que acompañaron a *Einstein* en el viaje a Toledo. Tampoco Andrés Révész, en su crónica de *ABC*:

"La pequeña caravana consta ya de nueve personas, que son: el gran sabio y su esposa, los hermanos Kocherthaler (don Kuno y don Julio), con sus señoras; un pariente suyo, D. Ernesto Kocherthaler, que llegó de Berlín hace dos días; el señor Ortega y Gasset (D. José) y D. Manuel B. Cossío, excelso historiador de arte, que se digna servirnos de cicerone y que desempeña este papel con gran erudición y amenidad".

Si lo hace, por el contrario, José Adolfo de Azcárraga Feliu, catedrático de Física Teórica de la Universidad de Valencia y actual presidente de la Real Sociedad Española de Física, en el artículo titulado *Albert Einstein (1879-1955) y su ciencia*, publicado en enero de 2005 en la *Revista Iberoamericana de Sociedades de Física*.

Aunque Azcárraga sólo incluye el dato, sin ningún otro tipo de añadido, la presencia de Gregorio Marañón, aquel día, en Toledo no puede descartarse.

Marañón era un enamorado de la capital toledana y, unos años antes, en 1919 ya había acompañado a *Marie Curie* durante la visita que la científica francesa había realizado a la ciudad del Tajo.

Además, el hecho de que Gregorio Marañón, y su esposa, Dolores Moya y Gastón de Iriarte, fueran propietarios de un cigarral en Toledo, y por ello buenos conocedores de la ciudad, hace más plausible esta posibilidad.

Gregorio Marañón y Posadillo en 1929

La tercera conferencia

El miércoles día 7 tuvo lugar el segundo encuentro de *Einstein* con el rey de España.

El primero, aunque breve y de manera informal, había tenido lugar hacía tan sólo unos días después de que Alfonso XIII hiciera entrega al científico alemán del diploma que le acreditaba como Miembro Extranjero de la Academia de Ciencias.

El segundo encuentro, más protocolario, tuvo lugar el día reseñado al filo del mediodía en el Palacio Real. A esa hora, *Albert Einstein* acompañado de José Rodríguez Carracido, presidente de la Academia de Ciencias Exactas, Físicas y Naturales, fue recibido por el monarca a quien acompañaba la reina María Cristina.

Como en otras ocasiones hay que recurrir al diario de *Einstein* para recabar algún dato del encuentro o conocer la impresión que este produjo en el físico alemán:

"*Audiencia con el rey y la reina madre. Ella revela su conocimiento de la ciencia. (...) El rey, sencillo y digno, me produjo admiración*".

Verdaderamente, el rey no le debió caer mal puesto que cuando en cierta ocasión fue preguntado por el físico *P. Ehrenfest* sobre el motivo del viaje que había realizado a España –teniendo en cuenta que se trataba de un país en el que no se realizaba física de interés para él– no dudó en responder con cierta gracia:

"*Sí, pero el rey da unas fiestas excelentes*".

Albert Einstein junto a José Rodríguez Carracido

Ese mismo día, por la tarde, tuvo lugar la tercera conferencia pero antes, según publicó *ABC* al día siguiente, el físico alemán tuvo una corta conversación con una delegación de estudiantes de ingeniería y arquitectura que le invitaron a mantener un encuentro en su Asociación.

Según informó el diario madrileño, *Einstein* acordó reunirse con ellos al día siguiente para comentarles como veía él la relación de la relatividad con las ciencias aplicadas.

En la tercera conferencia, como ya hiciera en Barcelona, *Einstein* abordó los problemas a los que se enfrentaba la relatividad en aquel momento. Los asistentes, como había ocurrido en las dos ocasiones anteriores, llenaron la sala de la Facultad de Ciencias de la Universidad Central y eso que el propio *Einstein* había advertido que, a diferencia de las dos primeras, esta conferencia sería difícil de seguir para aquellos que carecieran de conocimientos de cálculo diferencial.

Pero para muchos lo importante era ver a *Einstein*, no entender lo que decía. De hecho, según El Imparcial "*los seriamente iniciados no llegarían a la quinta parte del auditorio*".

Serían, seguramente, esa quinta parte de asistentes los que llegaron a entender la solución propuesta por *Einstein* –un tensor de segundo orden con características simétricas y antisimétricas– al dualismo de "*la existencia de magnitudes representables por tensores simétricos (gravitación) y antisimétricos (electromagnetismo)*" (*El Imparcial* del 8 de marzo). O, tal vez, ni siquiera todos ellos.

En el capítulo introductorio ya hice alusión al cansancio físico que tuvo que suponer una estancia en la que, absolutamente todos los días, un acto sucedía a otro sin solución de continuidad.

Traigo esto a colación porque, seguramente, todo el mundo habría entendido que tras el esfuerzo de dar una conferencia, y hacerlo en un idioma que no era el suyo y que no dominaba a la perfección, la jornada se hubiera dado por finalizada. Pero no, el día no vería su final hasta bien entrada la noche.

Quedaba todavía un último acto y no se puede decir que fuera precisamente de los que maravillaban a *Einstein*. Se trataba de la recepción que en su honor había organizado el embajador alemán y a la que asistieron muchas de las personalidades del mundo de la ciencia y la cultura que ya han pasado por estas páginas: Aguilar, Pittaluga, Carracido, Cabrera, García Morente...Aunque, en esta ocasión, cabría destacar también la presencia de María de Maeztu, la pedagoga y humanista que impulsó y dirigió la Residencia de Señoritas desde 1915 hasta el comienzo de la Guerra Civil.

Si la economía de palabras fue una constante en el diario de viaje del científico alemán, también lo fue la claridad con que utilizaba las pocas que empleaba. En relación a esa velada, escribió:

"*Embajador y familia, espléndido, gente íntegra. La fiesta, penosa, como de costumbre*".

Un 8 de marzo diferente a los actuales

Si el viaje de *Albert Einstein* a España se hubiera producido setenta, ochenta o noventa años después los actos programados para el jueves 8 de marzo habrían tenido, seguramente, un cierto contenido reivindicativo. Pero, en aquellas fechas, la gesta realizada por el grupo de mujeres neoyorkinas que salieron a la calle a protestar por sus pésimas condiciones laborales no contaba, todavía, con el reconocimiento que cincuenta años después la ONU le otorgaría.

No obstante, los eventos de ese día estuvieron revestidos de la máxima solemnidad. A media mañana, *Einstein* asistió a un acto en la Universidad Central en el que se le invistió doctor *honoris causa*. El expediente con toda la documentación se conserva en el Archivo General de la Universidad Complutense de Madrid.

Einstein investido Doctor Honoris Causa por la Universidad Central

De esta manera daba cuenta del acto el diario *ABC* del 9 de marzo de 1923:

"*Ayer a las once de la mañana, se verificó en la sala rectoral de la Universidad Central la sesión solemne para imponer al profesor Einstein el birrete doctoral y entregarle el título de doctor honoris causa.*

Por las reducidas dimensiones del local, sólo asistieron al acto los doctores del Claustro universitario ordinario, quince doctores del Claustro extraordinario y diez alumnos, dos de cada Facultad.

El rector declaró abierta la sesión. Y acto seguido invitó al secretario, señor Castro, a que leyera el acuerdo del nombramiento doctoral.

Después de la lectura, y acompañado por la comisión que salió a recibirle, el profesor Einstein entró en la sala, vistiendo la toga, con la muceta azul.

La presencia del sabio profesor fue acogida con grandes aplausos".

El acto fue presentado por el físico y matemático José María Plans y Freire quien glosó una biografía del homenajeado. Tras la respuesta de *Einstein* tuvo lugar el hecho, a mi modo de ver, más curioso del evento. Fue cuando los alumnos presentaron sus respetos al físico alemán.

El primero en intervenir fue el joven matemático Tomás Rodríguez Bachiller –"viejo" conocido de *Einstein*, como el lector recordará– quien leyó una carta de saludo para los estudiantes alemanes solicitando al físico alemán que tuviera la bondad de transmitírsela.

A continuación lo hizo José Luis Díez Pastor, representante de la Facultad de Derecho, quien en nombre de una comisión de estudiantes, formada por dos miembros de cada Facultad, leyó un discurso en alemán alabando la figura humana y profesional de *Einstein*:

"Nosotros los estudiantes no podemos faltar a este acto porque consideramos en usted al gran sabio de fama mundial cuyas investigaciones han ejercido decisiva influencia en la ciencia, y además por ver en usted la representación de la cultura alemana, tan apreciada por los estudiantes españoles.

(...) Reconocemos la terrible crisis por que atraviesan las Universidades alemanas, profesores y alumnos, y condoliéndonos de estas aciagas circunstancias hemos hecho, y continuaremos haciendo, cuanto nos sea posible para aliviarlas.

El amplio y supremo espíritu de la ciencia no puede encerrarse en las estrechas fronteras de los Estados.

Rogamos a usted, señor profesor Einstein, lleve nuestros más cordiales saludos a los intelectuales alemanes, y muy especialmente, a nuestros compañeros los estudiantes".

Cerró el acto el embajador alemán, barón *Langwerth von Simmern* quien destacó que *"desde los tiempos de Carlomagno y Otón el Grande existían relaciones íntimas entre las ciencia alemana y española y entre las Universidades de ambos países, relaciones que se consolidaron cuando, en el siglo XII, el arzobispo Raimundo fundó en Toledo una escuela de traductores".*

Albert Einstein con los miembros del claustro de la Facultad de Ciencias
El físico alemán aparece sentado entre José Rodríguez Carracido (Rector de la Universidad Central) y Luis Octavio de Toledo Zulueta (Decano de la Facultad)

De las frases que aparecen en el diario de *Einstein* cabe deducir que algunos de los discursos fueron excesivamente retóricos por no decir pesados. Pero no todos; sólo los pronunciados por españoles:

"Doctor honorífico. Auténticos discursos españoles acompañados de fuego de bengala. El embajador alemán habló sobre el tema de las relaciones hispano-alemanas, largo discurso, pero el contenido era bueno, alemán de cabo a cabo, nada retórico".

El diario de *Einstein* continúa con la siguiente anotación: *"Después una visita a estudiantes de técnica. Hablar y hablar sólo, pero bienintencionado".*

Estas últimas frases recogen sus impresiones acerca de la visita que, como les había prometido el día anterior y una vez terminado el acto en la Universidad Central, realizó a la Asociación de Alumnos de Ingenieros. Acto breve en el que, en francés, disertó sobre la naturaleza finita del universo.

A media tarde, como en las tres ocasiones anteriores, se celebró la cuarta y última de las conferencias proyectadas. Versó sobre las consecuencias filosóficas de la relatividad y, en esta ocasión, la Facultad de Ciencias de la Universidad Central cedió el sitio al Ateneo de Madrid.

Gregorio Marañón actuó como presidente de la conferencia y la presentación fue realizada por el biólogo Odón de Buen, uno de los impulsores de la oceanografía en España.

Según *Thomas F. Glick*, el tono de la exposición fue más divulgativo que el que, sobre el mismo tema, el físico alemán había utilizado en la ciudad condal. Sin duda, ello ayudaría a una mejor comprensión de los contenidos de la conferencia.

Einstein definió el movimiento y, al respecto de él, aseguró *"que puede haber infinitos sistemas de referencia, sin que ninguno tenga motivos para ser privilegiado"*.

Tras explicar que la geometría euclidiana no era válida, puesto que un campo gravitatorio influye en los cuerpos sólidos, aludió a que el interés filosófico de ello era el descubrimiento de que no hay una geometría absoluta (*ABC*, del 9 de marzo).

Sin desdeñar, en absoluto, ni el tema ni el contenido de esta última conferencia, estoy convencido de que lo más llamativo del acto para la mayor parte de los asistentes fue la propuesta realizada por Odón de Buen al realizar la presentación del invitado.

A Odón de Buen y del Cos se le considera el padre de la oceanografía española. Curiosamente, durante sus años universitarios en Madrid impartió clases particulares a quien tan sólo unos meses después de los hechos que estamos describiendo sería el Presidente del Gobierno de España: el dictador Miguel Primo de Rivera.

Pues bien, el naturalista español propuso que *Einstein* encabezara un grupo hispano-mexicano que, en el estado azteca, estudiara el eclipse solar que tendría lugar en septiembre de ese mismo año, 1923, y que sería visible en una amplia zona de Méjico.

La propuesta incluía que el físico alemán dirigiera el grupo de investigación durante un año y con ello, según el autor de la propuesta, la ciencia española –representada, en este caso, por astrónomos de los observatorios de Madrid y San Femando– adquiriría prestigio internacional.

Mural representando a Odón de Buen

La cosa no quedó ahí pues el Gobierno mexicano cursó una invitación que *Einstein* finalmente terminaría rechazando alegando los seis meses que había permanecido fuera de casa a causa del viaje a Japón y Palestina.

Tampoco en esta ocasión a la conferencia le siguió el descanso. Pero al menos esta vez *Einstein* pudo dar rienda suelta a una de sus grandes aficiones. Por lo menos eso es lo que podemos deducir de lo registrado en su diario:

"*Velada de música en casa de Kuno. Un artista Bordas tocó espléndidamente el violín*".

Las anotaciones del diario dejan claro que la reunión tuvo lugar en casa de *Kuno Kocherthaler* y el artista al que se refiere no pudo ser otro que Antonio Fernández Bordas, director del Real Conservatorio Superior de Música de Madrid.

Si el lector recuerda, la prensa del día 6 informaba que, durante el "té de honor" ofrecido por los marqueses de Villavieja, *Einstein* y Bordas habían realizado una improvisación al violín.

Curiosamente, *Einstein* no recogió este hecho en su diario.

No deja de resultar extraño tratándose de una "nota musical". ¿Se trató de un olvido? ¿Confundió las fechas y el hecho se produjo, en realidad el día 5 en la mansión de los marqueses y no el día 8 en casa de *Kuno Kocherthaler*?

Dando por buena la información aparecida en la prensa madrileña (*El Imparcial* del día 6 de marzo) haremos lo propio con la anotación que aparece en su diario y llegaremos incluso más lejos porque, aunque tal circunstancia no se produjo, a nadie le hubiera extrañado leer en el diario de *Einstein* algo similar a esto:

"*Velada de música en casa de Kuno. Realicé varios duetos con Bordas, un virtuoso del violín*".

Antonio Fernández Bordas

Últimos días en Madrid

Einstein llevaba dos semanas en España. Tras el ajetreo de esos quince días, y una vez cumplidos los compromisos en la capital de España, podía permitirse unos días de descanso antes de viajar a Zaragoza, la última etapa de su periplo español.

Como en otras ocasiones, el diario de *Einstein* nos sirve como guía para seguir sus pasos. Y por él sabemos que la mañana del viernes 9 de marzo viajó a la sierra norte madrileña. Concretamente a El Escorial y a Manzanares el Real. "*Un día maravilloso*", anotó.

A media tarde, de vuelta de la excursión y acompañado por Ortega y Gasset, *Einstein* se trasladó a la Residencia de Estudiantes donde tendría lugar, de manera casi improvisada y sin anuncio previo, la que sería su última comparecencia pública en Madrid.

Se trató de una doble conferencia: la que dictó Ortega como presentación de *Einstein* y la ofrecida por el físico alemán.

Ortega comparó a *Einstein* con *Galileo* y *Newton*, se refirió a la relatividad como un nuevo modelo de pensamiento e intentó explicar las aportaciones del físico alemán de manera que una audiencia profana pudiera comprender:

"*Newton fue, ante todo, un sistematizador; para ello necesitó que antes se hubieran analizado los elementos de los fenómenos físicos. Esta labor de construir el abecedario de lo mecánico exige una mente más aguda; Galileo fue quien realizó la más elegante anatomía del movimiento, de modo que puede decirse que newton escribió el amplio periodo con las letras descubiertas por Galileo.*

Einstein ha ejecutado una nueva analítica y a la vez sintetizado un nuevo sistema; hay, pues, que multiplicar el nombre del uno por el nombre del otro. Einstein inventa las letras y a la vez es el sublime escritor del párrafo.

(...) La obra de Einstein es un pleno y verdadero realismo. Trátase de un nuevo modo de pensar, que no es empirismo ni racionalismo; por tanto, es el germen de una nueva cultura, símbolo de toda una edad" (Diario *El Sol* del 10 de marzo de 1923).

En su respuesta, realizada en alemán y traducida por el propio Ortega, *Einstein* repitió, una vez más, una de las ideas sobre la que venía incidiendo durante toda su estancia: que tenía más de físico tradicional que de innovador o revolucionario. Y eso era así, porque la relatividad no había cambiado nada. El mérito, en todo caso, es que había conseguido reconciliar hechos que parecían irreconciliables por los postulados de la física clásica.

Según contó Julio Palacios Martínez, uno de nuestros físicos más relevantes, al respecto de la conferencia, "*Ortega se encontró en un dilema: o traducía fielmente a Einstein o sacrificaba la fidelidad a la claridad...y por ello debió actuar como un filtro del que siempre sale agua cristalina. Esto originó una amistosa y amena discusión entre el conferenciante y el traductor que puso de manifiesto que Ortega se negaba a entender lo que no puede entenderse".*

No sé si anteriormente ya hice referencia a ello; en todo caso, la última de las frases anteriores le delata: Palacios era un heterodoxo relativista.

José Ortega y Gasset en 1920

¡Ver para creer! De manera un tanto incomprensible, los elogios de Ortega se convertirían años después en feroces críticas. Ocurrió en 1937 y vinieron motivadas por el mensaje de apoyo a la República Española, enviado por *Einstein* al Congreso Internacional de Escritores celebrado en España:

"*Hace unos días, Alberto* (en castellano, en el texto) *Einstein se ha creído con "derecho" a opinar sobre la guerra civil española y tomar posición ante ella. Ahora bien, Alberto Einstein usufructúa una ignorancia radical sobre lo que ha pasado en España ahora, hace siglos y siempre.*

El espíritu que le lleva a esa insolente intervención es el mismo que desde hace mucho tiempo viene causando el desprestigio del hombre intelectual, el cual, a su vez, hace que el mundo vaya hoy a la deriva, falto de "poder espiritual" (en francés, en el texto)".

Particularizando en *Einstein*, Ortega estaba acusando duramente a los intelectuales extranjeros por firmar documentos de apoyo a la República sin tener "ni idea" de lo que estaba ocurriendo en España. En *Epílogo para ingleses* que complementaba la edición inglesa de *La rebelión de las masas*, escribió lo siguiente:

"Mientras en Madrid los comunistas y sus afines obligaban, bajo las más graves amenazas, a escritores y profesores a firmar manifiestos, a hablar por radio, etc., cómodamente sentados en sus despachos o en sus clubs, exentos de toda presión, algunos de los principales escritores ingleses firmaban otro manifiesto donde se garantizaba que esos comunistas y sus afines eran los defensores de la libertad".

La reacción de Ortega –quien había vivido, en julio de 1936, una situación análoga a la que describía en el texto– no es sino una muestra de cómo la exacerbación de las ideas políticas, en momentos de conflicto armado, pueden llegar a enconar, incluso, el intelecto de los más grandes pensadores.

Pero, como comprobaremos más adelante, Ortega no fue la única celebridad española que, como consecuencia de la Guerra Civil, dio la espalda a *Albert Einstein*. Ello no impidió al físico alemán enviar una solicitud al Gobierno de EEUU, un año después, para que levantara el embargo de armas que pesaba contra el gobierno de la República Española, hecho que, a la postre, sería uno de los motivos por los que *Einstein* acabaría siendo investigado por el Comité de Actividades Antiamericanas.

Pues bien, con un Ortega todavía "entregado" a *Einstein* finalizó la actividad pública del físico alemán en la capital de España.

Aunque aún permanecería dos días en Madrid, *Einstein* aprovechó el fin de semana para descansar, despedirse de familiares y amigos, y visitar, dos veces más, la pinacoteca madrileña:

"10 de marzo. Prado (contemplación principalmente de obras de Velázquez y Greco). Visitas de despedida. Comida con el embajador alemán. Pasé la tarde con Lina Kocherthaler y los Ullmann en una primitiva y diminuta sala de baile. Tarde alegre.

11 de marzo. Prado (magníficas obras de Goya, Rafael, Fra Angélico)".

Tal y como estaba previsto, *Einstein* abandonó Madrid, con destino Zaragoza, el lunes 12 de marzo de 1923.

Y lo hizo mientras en toda España, pero en particular en Barcelona, aún resonaban los ecos del asesinato a tiros, la noche del sábado día 10, de Salvador Seguí.

El Noi del Sucre, nombre con el que se le conocía, era uno de los más importantes dirigentes anarcosindicalistas y había sido uno de los fundadores del periódico anarquista *Solidaridad Obrera*.

Pero más allá de todo eso, en una Barcelona asediada por el terrorismo y los pistoleros, Seguí no había regateado esfuerzos en combatir los atentados. Algo de lo que, en aquellas fechas, no muchos podían presumir.

Salvador Seguí Rubinat, el Noi del Sucre

"Para nadie en Barcelona es un misterio el criterio que tenía Seguí respecto a los atentados. Los ha condenado públicamente, los ha vituperado en la tribuna con la elocuencia de su palabra, los ha combatido denodadamente en las tertulias y entre los amigos. Es más, cuando

leyó en el primer número de Solidaridad Obrera la condenación que allí hacíamos de la devoción a la pistola, fue uno de los primeros en darnos su conformidad". De esta manera se expresaba Angel Pestaña, el dirigente que unos días antes se había entrevistado con *Einstein*, a requerimiento del corresponsal en Barcelona del diario madrileño *El Sol* (11 de marzo de 1923).

ZARAGOZA.-ÚLTIMA ETAPA DEL VIAJE

Como el lector recordará el diario de *Einstein* concentraba en cuatro o cinco frases toda la actividad desarrollada en Barcelona a lo largo de una semana. Pero lo realmente llamativo es que no hiciera ni una sola referencia a su estancia en Zaragoza.

De hecho, esto es lo único que en él se puede leer: "*12 de marzo. Viaje a Zaragoza*".

Y no deja de resultar curioso pues *Einstein* se llevó una magnífica impresión de Zaragoza y de los aragoneses, en los escasos dos días y medio que pasó en la ciudad del Ebro.

Por poner un ejemplo de ello, esto es lo que pudo leerse en la prensa zaragozana el día 14 de marzo: "*hasta el momento actual, sólo en Zaragoza había percibido* (según palabras del propio *Einstein*) *las palpitaciones del alma española*".

A falta de información en el diario del sabio alemán, recurriremos a los periódicos publicados en Zaragoza –*El Heraldo de Aragón* y *El Noticiero*– para establecer la secuencia de los pasos seguidos por nuestro protagonista.

Einstein llegó a Zaragoza, como ya sabemos, el lunes día 12 alrededor de las cuatro de la tarde en el tren "rápido" procedente de Madrid pero, sin embargo, unos días antes ya se había producido un primer contacto con algunas de las personas que habían gestionado su visita a la ciudad.

El contacto al que me refiero había tenido lugar el día 1 de marzo, en la estación de Zaragoza, a bordo del tren que conducía a *Einstein* de Barcelona a Madrid. Ese día, un grupo de profesores, con el físico Jerónimo Vecino Varona a la cabeza, testimonió al físico alemán y ultimó con él algunos de los detalles de la visita que tendría lugar once días después.

La confirmación del día y hora de la llegada a Zaragoza se produjo el día 7 de marzo. El telegrama fue recibido por Vecino y en él se leía: "*Llegaré lunes rápido.-Albert Einstein*".

Jerónimo Vecino, quien en 1921 había impartido un curso de diez conferencias sobre relatividad, se encontraba también en la estación de Zaragoza, el día 12, a la espera del rápido procedente de Madrid pero, en esa ocasión, el "comité de recepción" estaba integrado por un número mayor de personas.

Además del gobernador civil, el alcalde y el cónsul alemán, estaban presentes Ricardo Royo Villanova, rector de la Universidad de Zaragoza y Antonio de Gregorio Rocasolano, en aquel momento catedrático de Química de la Universidad de Zaragoza y que años después llegaría a ser Rector de ella y miembro de la Real Academias de Ciencias Exactas, Físicas y Naturales.

Albert Einstein y Jerónimo Vecino (Freudenthal, 1923)

Fue el propio alcalde, Basilio Fernández, el que trasladó a *Einstein* en su coche particular al Hotel Universo y Cuatro Naciones, actualmente desaparecido, que se encontraba en el número 52 de la calle Don Jaime I, justo enfrente de la Plaza Ariño. Allí, en pleno centro de Zaragoza, pernoctaría el ilustre huésped las dos noches que permaneció en la ciudad.

Primera conferencia y visita de la ciudad

No exageraríamos en absoluto si dijéramos que en la Zaragoza de la década de los años 20 reinaba una cierta inquietud científica. La Academia de Ciencias Exactas, Físico-Químicas y Naturales de Zaragoza se había fundado hacia tan sólo unos años, en 1916, y las facultades de Medicina y Ciencias presumían de un bello edificio, situado al sur de la ciudad, que venían ocupando desde no hacía demasiado tiempo.

El eje central de la visita de *Einstein* a Zaragoza lo constituyeron las dos conferencias que pronunció, sobre relatividad especial y relatividad general, y la visita que realizó al laboratorio de Antonio de Gregorio Rocasolano.

Si damos por buena la cantidad de 3.500 pesetas que según *El Debate* había percibido *Einstein* por las tres conferencias –relatividad especial, relatividad general y problemas actuales de la relatividad– impartidas en la capital de España, habremos de concluir que a los zaragozanos el genio alemán les "salió más barato".

Según escribía el periodista José Ramón Villanueva Herrero en *El Periódico de Aragón*, el 14 de marzo de 2016, *Einstein* percibió, en aquel lejano año de 1923, 575 pesetas por cada una de las dos conferencias pronunciadas, además de otras 250 pesetas para gastos personales.

La conferencia sobre relatividad especial tuvo lugar el mismo día de su llegada a Zaragoza, en el Aula Magna de la Facultad de Medicina y Ciencias (hoy edificio Paraninfo), y, como había sido habitual en las otras dos ciudades visitadas, comenzó a las seis de la tarde.

Una nota insertada en *El Noticiero*, el día 11 de marzo, anunciaba que "*la admisión será pública, pero las puertas de la sala se cerrarán cuando comience la sesión y no se abrirán hasta que termine*".

A ninguno de los asistentes les debió preocupar "quedarse encerrados" pues la sala, según *El Heraldo de Aragón* del 13 de marzo, "*se hallaba completamente llena de personalidades de toda clase y condición social; también algunas bellas señoritas y damas distinguidas engalanaban el severo salón con su presencia. Minutos después, el profesor Einstein entró siendo saludado con muchos aplausos*".

Al margen de otras consideraciones, en las que el lector seguramente ya habrá reparado, el tratamiento de la noticia era más propio de un acto social que de una conferencia científica.

Por fortuna, además de las "bellas señoritas y damas distinguidas", también asistieron personalidades de la ciencia y la cultura aragonesas. Entre ellas el ingeniero Manuel Lorenzo Pardo, el médico y rector de la Universidad, Ricardo Royo Villanova y el decano de la Facultad de Ciencias, el químico Gonzalo Calamita Álvarez.

Diario "El Noticiero" del martes 13 de marzo de 1923

Al respecto de la conferencia, pronunciada en francés, en *El Heraldo de Aragón* del día 13 de marzo se pudo leer lo siguiente:

"No creemos errar al afirmar que, por la índole del asunto, por la preparación física y matemática necesarias en alto grado para comprender tan altas concepciones y de las que en gran número carecíamos, sólo una minoría exigua entendió los fundamentos y las deducciones de la teoría de la relatividad, difícilmente llevadera al terreno de la vulgarización".

Se trataba, sin duda alguna, de un ejercicio de honestidad de la prensa que reconocía no contar con los recursos ni con los conocimientos suficientes para trasladar a los lectores el contenido preciso de las clases magistrales ofrecidas por *Einstein*.

Tal vez por esa razón, el mismo diario publicaba al día siguiente, día 14, un artículo firmado por Jerónimo Vecino –*La teoría de la relatividad de Einstein*– en el que el catedrático de Física de la Universidad de Zaragoza intentaba explicar, en lenguaje coloquial, las ideas del físico alemán:

"Einstein, como Kepler, Galileo y Newton, marca una nueva época en la historia de la ciencia.

Bien quisiera yo, atendiendo al ruego del ilustre Director del Heraldo, dar una idea clara de la teoría de Einstein sobre la concepción del Universo, pero tropiezo con una grave dificultad: la imposibilidad de emplear en un artículo periodístico el lenguaje matemático necesario para la exposición clara y precisa de la doctrina relativista. Una fórmula matemática es un condensador de ideas que el lenguaje corriente no puede expresar.

Toda la teoría einsteiniana parte del principio fundamental de que el espacio en el que nos movemos y el tiempo en el cual vivimos no son, como lo suponían Aristóteles y Newton, cosas "fijas" o "inmutables" sino que, por el contrario, son "relativas" y variables de un observador a otro.

Los físicos anteriores a Einstein, guiados por el principio de la existencia del movimiento absoluto, creyeron que existía una substancia "absolutamente inmóvil" a la que llamaron "éter", respecto de la cual todos los movimientos serían absolutos.

Varios experimentadores (Michelson, Fizeau, etc...) se dedicaron, por procedimientos que no es del caso detallar, a demostrar la existencia del éter inmóvil.

El resultado de estas experiencias fue absolutamente negativo y desde entonces hubo que desechar la hipótesis del éter inmóvil, y por ende la del movimiento absoluto, con lo que la Mecánica de Newton se veía atacada en sus propios cimientos.

Por otra parte, la teoría electrónica de Lorentz estaba también en muchos puntos en contradicción con la teoría de Newton.

Einstein ha tenido el mérito y solamente a él le cabe la gloria, de haber conciliado estas teorías fundando su teoría de la relatividad, no "destruyendo", entiéndase bien, la mecánica de Newton, sino considerándola como un caso particular de la teoría de la relatividad, aplicada tan sólo al caso de que los cuerpos estén animados de velocidades pequeñas, inferiores a 36.000 kilómetros por segundo (en la naturaleza hay cuerpos, los electrones, animados de velocidades que pueden alcanzar hasta 200.000 kilómetros por segundo).

La experiencia pues, y contra los hechos experimentales no caben argumentos, rechaza la existencia del movimiento absoluto y por tanto no puede admitirse el espacio absoluto y el tiempo tal como lo admitía Newton".

La estancia en Zaragoza iba a ser corta y los anfitriones pusieron buen empeño en aprovechar los actos. Por ello la primera conferencia se convirtió en un acto múltiple en el que tras la conferencia propiamente dicha tuvieron cabida unas palabras de elogio hacia la figura de *Einstein*, por parte de Rocasolano, y un acto de la Academia de Ciencias en el cual se entregó a *Einstein* el diploma acreditativo como miembro extranjero de esa institución.

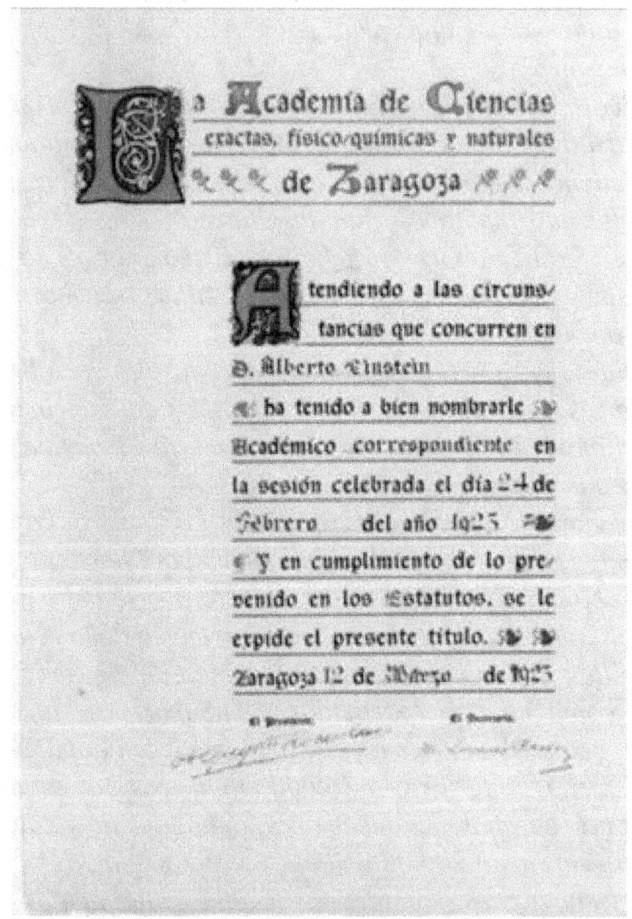

Documento en el que se nombra a Albert Einstein miembro de la Academia de Ciencias de Zaragoza

Fotografía de Einstein en el Aula Magna de la antigua Facultad de Medicina y Ciencias

Einstein aprovechó la mañana de su segundo día en Zaragoza para pasear por la ciudad y visitar sus monumentos más emblemáticos. Según publicó *El Noticiero* el día 14, el físico alemán aseguró haber disfrutado del arte visto en Barcelona y Madrid, "*pero que era en Zaragoza, donde admirando los monumentos arquitectónicos, había encontrado una expresión más robusta y elocuente de nuestra fisonomía regional*".

Los monumentos que le inspiraron esas palabras fueron, entre otros, la catedral-basílica barroca del Pilar con su relicario; el palacio fortificado de la Aljafería, en otro tiempo residencia de los reyes musulmanes de Zaragoza; la Seo, la segunda de las catedrales, de estilo mudéjar, y la Lonja, la construcción renacentista en la que, en tiempos pretéritos, se realizaban las transacciones de grano.

El paseo monumental concluyó con una visita a la Universidad, cuyo edificio fue construido a mediados del siglo XVI, durante el reinado del emperador Carlos V.

Finalizada la visita, *Einstein* y un número importante de profesores universitarios, invitados por la Academia de Ciencias de Zaragoza, almorzaron en el Casino Mercantil. Tanto *El Heraldo de Aragón* como *El Noticiero* informaron de ello el día 14.

El filólogo, pedagogo y escritor Domingo Miral López dio la bienvenida a *Einstein* con un discurso en alemán en el que, además de elogiar la figura del invitado, aludió a cómo Zaragoza había sabido aprovechar las enseñanzas de la ciencia alemana y "*mostró su confianza en la vitalidad del pueblo alemán*".

En su respuesta *Einstein* realizó la afirmación que ya quedó recogida al principio del capítulo –*que hasta el momento actual, sólo en Zaragoza había percibido las palpitaciones del alma española*– e hizo mención a su patria para mostrar su preocupación por la profunda crisis económica y social que, tras la derrota alemana en la I Guerra Mundial, estaba atravesando la República de Weimar y expresar "*su confianza de que se llegara a salvar la crisis de Alemania para hacer posible la urgentemente necesaria reconstrucción de Europa*".

La anécdota de la pizarra

La segunda conferencia tuvo lugar por la tarde y, según *Glick*, a ella asistieron menos asistentes que a la primera. Algo realmente llamativo si se compara con Barcelona o Madrid, lugares donde los locales en los que tuvieron lugar las conferencias estuvieron completamente repletos de gente.

Ciertamente, Zaragoza no tenía el tamaño de Madrid o Barcelona ni contaba con un número tan importante de físicos o matemáticos que pudieran entender lo que en las conferencias se dijera. Pero, ¿había menos curiosos que en las otras dos ciudades? Desde luego que no, si se hace caso a las crónicas periodísticas que se realizaron tras la primera conferencia.

¿Se trató simplemente de una casualidad?, o ¿podría ser que los aragoneses fueran más "honestos" y hubieran reconocido su incapacidad para entender lo que en la primera de las conferencias se dijo?

Recuérdese que *El Heraldo de Aragón* había señalado, al respecto de la primera de las conferencias, que "*sólo una minoría exigua entendió los fundamentos y las deducciones de la teoría de la relatividad, difícilmente llevadera al terreno de la vulgarización*".

El acto fue presentado por el decano de la Facultad de Ciencias, Gonzalo Calamita y en su intervención calificó las conferencias de *Einstein* de "*espléndido regalo científico para la ciudad*".

Tras la charla de *Einstein*, en esta ocasión sobre relatividad general, aconteció uno de los hechos más curiosos que se produjeron durante la visita a Zaragoza y que pudo leerse en los periódicos, al día siguiente. *El Heraldo de Aragón*, del día 14 de marzo, lo comentaba así:

"*Para que quede algo perenne y constante del paso de Einstein por la Universidad, dijo Royo* (Villanova), *he rogado al sabio profesor que no borre, y avalore con su firma, los dibujos hechos en las pizarras durante la conferencia. Estos serán convenientemente fijados y conservados, a fin de poder mostrarlos a las generaciones* (futuras), *como reliquias de la fecha de hoy*

(...) La Universidad conservará como recuerdo imperecedero esos dibujos que habéis trazado en vuestra exposición. Dejadnos creer que existe algo infinito y de absoluto en el tiempo y en el espacio para que quepa lo inmenso y lo perenne de nuestra gratitud".

Ricardo Royo Villanova

Pero a diferencia de la pizarra que *Einstein* utilizó en una de las conferencias que impartió en Oxford en mayo de 1931, conservada en el Museo de Historia de la Ciencia de esa ciudad inglesa, la utilizada en Zaragoza no se ha conservado.

Ya comenté en el capítulo anterior que Ortega no fue el único intelectual español que terminó dando la espalda a *Einstein*. Algo parecido ocurrió con Royo Villanova.

Sería una década después de la visita, en un momento en el que las tensiones políticas y sociales que precedieron a la Guerra Civil iban en aumento, cuando se produjera el cambio de opinión del conservador Royo respecto al valor de las contribuciones científicas del profesor alemán.

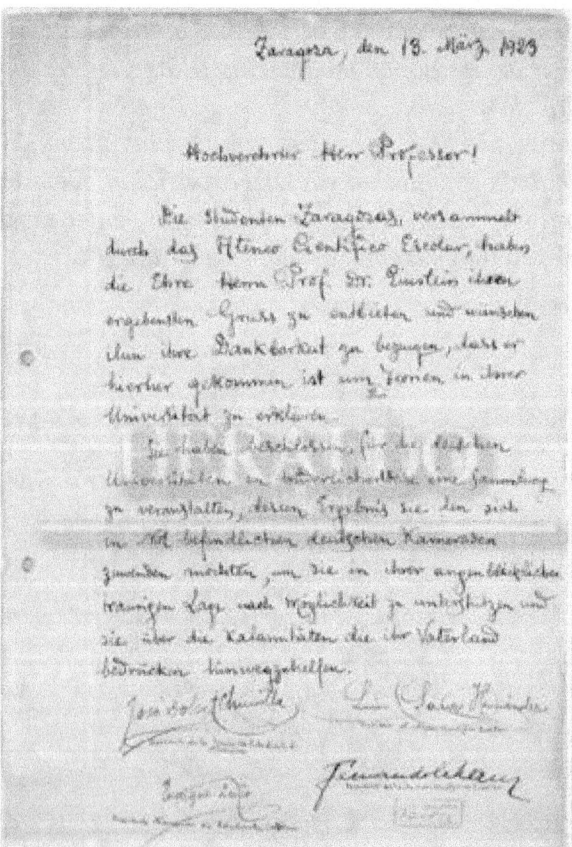

Carta de los estudiantes zaragozanos a Einstein

Pero volvamos a 1923. Finalizada la intervención de Royo Villanova tuvo lugar un bello gesto de solidaridad cuando una delegación de estudiantes entregó a *Einstein* el dinero que había recaudado entre los miembros de varias asociaciones estudiantiles y cuyo fin era aliviar las necesidades de los estudiantes alemanes faltos de recursos.

Se desconoce el importe de la cantidad recaudada por los estudiantes pero se sabe que, el donativo, iba acompañado de una carta que se conserva en los archivos de la Universidad Hebrea de Jerusalén.

En esos mismos archivos se puede consultar el diploma que le entregó la Academia de Ciencias Exactas, Fisicoquímicas y Naturales de Zaragoza y cuyo nombramiento se había decidido unos días antes de la llegada del sabio a la ciudad del Ebro.

Una de las personas que habían acudido a recibir a *Einstein* a la estación había sido el cónsul de su país, el afamado fotoperiodista *Gustavo Freudenthal*, quien, como solía ser costumbre en este tipo de viajes, organizó una agradable velada en honor de su celebérrimo compatriota. Entre los asistentes a la cena se encontraba el físico Jerónimo Vecino que, como el lector recordará, había formado parte del grupo de personas que recibieron a *Einstein* la tarde de su llegada a Zaragoza.

Gustavo Freudenthal trabajando en su estudio

Teniendo en cuenta que el pianista *Emil Sauer*, alumno de *Franz Liszt*, se encontraba en esas fechas en Zaragoza no habría resultado extraño que hubiera sido uno de los invitados a la cena en honor de *Einstein* y hubiera tocado junto a él.

Así lo debió de entender algún que otro humorista pues, como señala Manuel Castillo Martos (*Einstein en Zaragoza 12 de marzo-14 de marzo de 1923*), en *El Heraldo de Aragón* del 14 de marzo de 1923 y en *El Imparcial* del día 17 del mismo año se pudo leer lo siguiente:

"*Einstein ha dado dos conciertos en Zaragoza. Uno en la Facultad de Ciencias, interpretando "nocturnos de relatividad" y otro, de violín, en casa del cónsul alemán*".

¡Ya habría tiempo de descansar! De momento, la noche continuaba y acabada la cena, en compañía del cónsul alemán y de Jerónimo Vecino, nuestro protagonista se dirigió al Teatro Principal, en la capital maña. Allí presenció el espectáculo musical, *La Viejecita*, según los zaragozanos pudieron leer en *El Heraldo de Aragón* del día siguiente, 14 de marzo.

Últimas horas en Zaragoza

A primera hora de la mañana del día 14 *Einstein* se dirigió a la Universidad donde pasaría unas horas visitando el laboratorio de Rocasolano y comentando con él y con sus colaboradores algunos de sus trabajos.

Es este un buen momento para recordar y poner en valor, si se me permite, la figura de Antonio de Gregorio Rocasolano, científico zaragozano que –profeta en su tierra– dirigió en su propia ciudad un programa de investigación vinculado a *Einstein*, aunque no relacionado con la relatividad sino con el movimiento browniano –el movimiento continuo y aleatorio que presentan las partículas en suspensión–.

Este movimiento había sido descrito por el botánico inglés *Robert Brown* y en 1905 *Einstein* publicó un artículo en el que trató de explicar la manera en que una partícula determinada se desplazaba en un periodo de tiempo específico.

Einstein –recuérdese que sus estudios sobre el movimiento browniano y el descubrimiento del efecto fotoeléctrico fueron la causa de que se le concediera el Premio *Nobel* de Física en 1921– concluyó que la causa del movimiento browniano era la agitación molecular y que el desplazamiento medio de una partícula era proporcional al tiempo de observación y dependía de la temperatura, de la viscosidad del medio y del tamaño de la partícula, hechos estos que fueron confirmados por el Nobel francés *Jean Perrin* y sus discípulos unos años después.

Aunque bioquímico, Rocasolano había estudiado con el eminente biólogo francés *Emile Duclaux*, quien a su vez había sido asistente de *Louis Pasteur*. El científico aragonés había dirigido sus investigaciones a la cinética de los coloides y uno de los aspectos que más le interesaba era medir las variaciones en el diámetro de las partículas coloidales.

Fue entonces cuando se vio atraído por la hipótesis de *Einstein* que proporcionaba la forma de medir el diámetro de una partícula sometida al movimiento browniano.

Perrin había realizado sus investigaciones con emulsiones y soluciones en alcohol pero Rocasolano se propuso repetirlas en sistemas coloidales y, además, en la materia viva.

Antonio de Gregorio Rocasolano

En uno de sus experimentos, Rocasolano descubrió que el movimiento browniano se hacía más lento a medida que la célula envejecía. Esa sería la base de la teoría bioquímica que elaboró sobre el fenómeno de envejecimiento en los coloides orgánicos.

De la visita de *Albert Einstein* al laboratorio de Antonio de Gregorio Rocasolano hay un testimonio gráfico que fue publicado en *Revista del Centre de Lectura* de Reus. Se trata de la fotografía que el químico catalán Antonio Rius –quien llegaría a presidir la Real Sociedad Española de Física y Química– realizó al físico alemán.

Einstein en el laboratorio de Rocasolano

Einstein estaba disfrutando de sus últimas horas en la capital aragonesa y seguro que almorzar con *Emil Sauer* le produjo un placer especial. En esta ocasión, la música no la puso ninguno de los dos sino una rondalla que les sorprendió mientras degustaban, tranquilamente, en el comedor del Hotel Universo:

"*A los postres de la comida fueron sorprendidos con el obsequio de la visita de una rondalla.*

Dos baturricas jóvenes...cantaron y bailaron nuestro bravo y armonioso himno inmortal. Einstein...se emocionó profundamente y, abrazándola, besó en la frente a una de las cantadoras, con un gesto entre admirativo y paternal.

Fue un momento interesantísimo que Einstein quiso perpetuar retratándose con la pequeña jotera en su regazo" (*El Heraldo de Aragón*, del 15 de marzo de 1923).

Habían sido dos días intensos y se podría afirmar que la estancia del físico alemán en "una capital de provincias" no había pasado desapercibida para nadie. Desde luego no para el mundo de la cultura, pero tampoco para el hombre de la calle, que habló de ella en tertulias y cafés.

Hubo, incluso, quien intentó sacar provecho de la visita utilizando su "olfato" comercial. Algo lógico, si se mira bien.

La siguiente anécdota refleja lo que deseo expresar. Un anuncio en *El Heraldo de Aragón*, concretamente de la librería de Cecilio Gasca, una de las más importantes de Zaragoza, ofrecía, a un precio de entre 6 y 12 pesetas, "*a la multitud de personas interesadas en la Teoría de la Relatividad, las obras de autores relativas a la misma*", como Blas Cabrera, *Arthur Stanley Eddington, Max Born* o Lorente de Nó.

Naturalmente, a la hora de analizar la visita hubo opiniones para todos los gustos. Las dos que recojo a continuación pueden darnos clara idea de ello.

Con un tono de humor bastante cínico, Marcial del Coso escribió:

"*Ni sorpresa, ni admiración de asombro ni siquiera curiosidad. Y es que Einstein ha tenido la mala ocurrencia de venir a una tierra en donde sus misteriosas teorías son más conocidas y son más vulgarizadas que el cultivo de la remolacha.*

Por eso, cuando de Madrid llegaban noticias hablando de entusiasmos "siderales" y de "inertes" estupefacciones, aquí, en Zaragoza, nos reíamos a "relatividad" batiente".

En el lado opuesto la opinión de la comunidad científica para quien la visita de *Einstein* fue importante por un doble motivo, pues no sólo honró a la ciencia aragonesa sino que vinculó el nombre de Zaragoza al prestigio del sabio alemán.

Manuel Lorenzo Pardo, secretario de la Academia de Ciencias de Zaragoza, lo reflejaba así en la Memoria de esta institución leída el 16 de diciembre de 1923:

"*Haber llegado a merecer la atención de este hombre eminente; haber dado lugar a su visita a Zaragoza, a que repita el nombre de la ciudad en las referencias de sus* (no) *poco prodigadas salidas de propaganda y divulgación de las nuevas ideas, del nuevo sistema de interpretación del Universo, y a que en todas partes, en los últimos rincones del mundo culto, allí donde haya un espíritu selecto sea oído y citado con respeto, es una de las mayores satisfacciones de la Acade-*

mia y también uno de los mayores méritos, el mayor quizá que pudiera alegar para alcanzar la general estimación".

El almuerzo con *Emil Sauer* puso punto final a la visita de *Einstein* a Zaragoza. El día 14 de marzo de 1923, fecha en la que cumplía 44 años, el físico alemán abandonó Zaragoza con destino Berlín.

Respecto al viaje de vuelta a Alemania existen versiones contradictorias. Mientras que *Glick* se inclina por el regreso vía Barcelona –donde se encontraría de nuevo con Rafael Campalans– algunas informaciones suponen que *Albert Einstein* salió de España por Bilbao y no por Barcelona. Según estas últimas, *Einstein* habría viajado de Zaragoza a Bilbao, el día 14 por la tarde, en el *rápido del norte*.

Aunque la salida por Barcelona parece más probable, es cierto que el 27 de febrero la Junta de Cultura Vasca había dirigido una invitación a *Einstein* para que, bajo la organización del Ateneo de Bilbao, impartiera una serie de conferencias sobre relatividad dado *"el gran número de hombres de ciencia que hay en Vizcaya y por contar con una Escuela de Ingenieros Industriales"*.

También Valencia había realizado una invitación oficial al sabio alemán. En el diario *El Sol*, del sábado 3 de marzo de 1923, su corresponsal en la ciudad del Turia escribía lo siguiente:

"A requerimiento del Ateneo Científico de esta ciudad, el Ayuntamiento ha acordado invitar al sabio alemán Einstein para que venga a esta ciudad y dé unas conferencias. Si acepta la invitación, se le hará un gran homenaje".

Por su parte, el diario valenciano *Las Provincias*, el domingo 4 de marzo de 1923, publicaba que el día anterior se había reunido *"la ponencia nombrada por el Ayuntamiento para estudiar la manera de llevar a la práctica la iniciativa del Ateneo Científico relativa* (a traer a nuestra ciudad) *al profesor de Físicas Matemáticas de la Universidad de Berlín, Albert Einstein".*

El físico alemán declinó la invitación pero, a pesar de ello, el Ayuntamiento de la ciudad del Turia, en un gesto caballeroso, le envió un mensaje de sentida admiración (*ABC*, del día 9 de marzo de 1923).

LA VISITA EN LA PRENSA

Como ya quedó dicho, el salto a la fama de *Albert Einstein* comenzó el 6 de noviembre de 1919.

Tras la reunión conjunta de la *Royal Astronomical Society* y la *Royal Society* la figura de *Einstein* inundó las portadas y los editoriales de los diarios británicos.

La confirmación de la predicción de *Einstein* por el *London Times* constituyó el "pistoletazo de salida" y a partir de ese momento el "nuevo *Newton*" se convertiría en uno de los personajes más mediáticos del siglo XX, tan sólo comparable a determinadas estrellas del mundo del deporte o del espectáculo.

Albert Einstein no se ajustaba al estereotipo de hombre de ciencia. El violín que siempre le acompañaba le delataba más como artista que como científico. Además, ser alemán sin serlo, sionista sin creer en la fe judía y sabio sin aspecto de ello dieron lugar al mito *Einstein*.

Un mito que, al decir de muchos, él mismo contribuyó a crear transmitiendo una imagen no convencional con el propósito de satisfacer la curiosidad de la prensa pero sin revelar, prácticamente, nada de su vida privada.

Albert Einstein y "Lina"

En su relación con la prensa, principalmente en sus viajes, siempre declaró lo que se esperaba que dijera. Daba igual que se tratara de política que de música folclórica. Y eso fue una constante, independientemente de que se encontrara en Japón, Estados Unidos o España.

El hecho, ya comentado, de que *Albert Einstein* sólo ofreciera una entrevista "oficial" durante las tres semanas que permaneció en España no impidió que cada uno de sus actos fuera seguido puntualmente por la prensa. Tampoco lo impidió la escasa preparación científica de los españoles de la época.

El seguimiento de su visita no se limitó, como cabría haber esperado, a los periódicos de las ciudades visitadas –*El Correo Catalán, La Veu de Catalunya, La Vanguardia, Diario de Barcelona, Las Noticias, La Publicitat* y *Las Provincias*, en Barcelona; *ABC, El Debate, El Sol, El Heraldo de Madrid, El Liberal, El Imparcial* y *El Noticiero Universal*, en Madrid; *El Heraldo de Aragón* y *El Noticiero*, en Zaragoza– o a los de aquellas otras que no tuvieron la fortuna de conocer a *Einstein* pero que confiaron en ello hasta el último momento –*El Noticiero Bilbaíno, Las Provincias* o *La Voz Valenciana*–.

No. Diarios de provincias, e incluso de zonas tan alejadas de Barcelona, Madrid o Zaragoza como las Islas Canarias –*Ecos del Magisterio Canario, La Gaceta de Tenerife, El Heraldo de la Orotava*–, también realizaron un importante seguimiento de la estancia en nuestro país del científico alemán.

Un testimonio clarificador de la reacción de la prensa española ante la visita de *Einstein* lo encontramos en el informe que el embajador alemán en Madrid realizó para el Ministerio de Asuntos Exteriores germano:

"La prensa dedicó todos los días columnas enteras a sus actos y movimientos, los colaboradores científicos de los periódicos más importantes escribieron largos artículos sobre la teoría de la relatividad, en los reportajes sobre las conferencias de Einstein los periodistas se esforzaron en acercar al público profano los grandes problemas de la física "a los que los descubrimientos de Einstein han aportado nueva luz" de forma generalmente comprensible.

Los fotógrafos de prensa sacaron en mil posturas su imagen y la de los participantes en las solemnidades organizadas en su honor y los caricaturistas ensayaron la reproducción de su notable cabeza".

Como recuerda Carlos Elías, del Departamento de Periodismo de la Universidad Carlos III de Madrid, no deja de resultar sorprendente que, en una época en la que se producían tantos asesinatos, el Gobierno cambiaba cada seis meses y había convocadas unas elecciones a la vuelta de la esquina –abril de 1923–, la visita de un científico a nuestro país tuviera la repercusión que tuvo. Y ello, aunque el científico se llamara *Albert Einstein*.

Y otro hecho sorprendente o, al menos, diferenciador con respecto a lo ocurrido en otros países fue que su condición de judío no recibió, prácticamente, mención alguna en la prensa española. Muy al contrario de lo ocurrido, por ejemplo, en Francia donde las referencias a su nariz y a su rostro "aceitunado" fueron continuas.

Fuera como crónica, noticia de teletipo, resumen o comentario de opinión, era la primera vez que una noticia importante de carácter científico puro, a diferencia de lo que era habitual en otros países europeos, era publicada en la prensa española. Y ello fue importante, hasta el punto de que el tratamiento mediático de la estancia de *Einstein* en nuestro país pudo influir en el desarrollo posterior de la física y la matemática en España.

Independientemente del estilo que cada diario eligió para informar de la estancia de *Albert Einstein* hubo una serie de características que fueron comunes a todos ellos y que no debemos pasar por alto.

La primera, fruto de la importante politización a la que estaba sometido el periodismo en aquella época, las diferencias significativas existentes entre diarios conservadores y progresistas a la hora de informar, hasta el punto de que ni unos ni otros dudaron en modificar el discurso original de *Einstein* para adaptarlo a su propia ideología.

La segunda, el tratamiento que las informaciones daban a la presencia de mujeres en las conferencias del científico alemán, hecho que la sociedad actual no consentiría: *"...también algunas bellas señoritas y damas distinguidas engalanaban el severo salón con su presencia"*.

Por último, algo que fue común a todos los periódicos y revistas, las referencias conjuntas a escritores e intelectuales como asistentes a las conferencias del físico alemán. Humanismo y ciencia mantenían una unidad que hoy en día, desafortunadamente, sería impensable.

De una u otra forma, la visita de *Einstein* a España puso a prueba la profesionalidad del periodismo español, teniendo en cuenta que nunca un personaje tan famoso como el sabio alemán había visitado nuestro país.

Pero más importante que eso, sirvió para abrir un debate público sobre el papel de la ciencia en la sociedad española de la época. Como muy acertadamente expone *Glick*, *"para algunos su presencia fue un signo esperanzador de que la ciencia española había alcanzado la madurez; para otros, fue sólo un penoso recordatorio de lo inadecuado del estado de la ciencia local"*.

NUM. 6.289   VIERNES 2 DE MARZO DE 1923   AÑO XIX

EL PROFESOR EINSTEIN EN MADRID

Una hora con Einstein. El hombre. Cuándo avió la relatividad. Detalles de su vida. El artista. Sus ideas políticas. La llegada a Madrid. Las conferencias. Una distinción

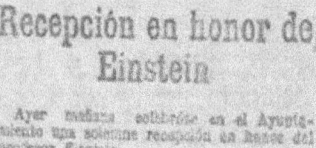

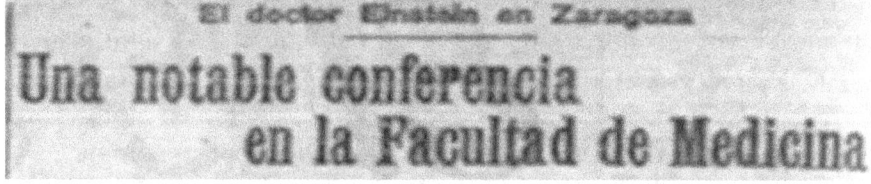

La mayoría de los diarios recogieron la visita de Einstein a España

Uno de los problemas con los que se encontraron los periódicos y revistas fue la manera de abordar la cobertura de la noticia.

¿Había que dar información exhaustiva de las conferencias impartidas por el sabio alemán u ofrecer sólo reseñas de las mismas?

¿Podían ser los propios periodistas de los diarios los que ofrecieran la información de las conferencias o se debía recurrir a científicos, con los conocimientos necesarios, para informar de ellas?

¿Se podía utilizar un lenguaje literario para informar de las conferencias o sería más conveniente hacerlo usando un lenguaje matemático?

Como recuerda Carlos Elías, una de las primeras cosas que sorprende al analizar la cobertura de la visita de *Albert Einstein* a España es que los periodistas acudieron a las conferencias en persona. Hoy en día, seguramente, habrían recurrido a los comunicados de prensa, inexistentes en los años veinte.

Visto desde la distancia, y con los ojos de hoy en día, llama la atención comprobar que, finalmente, muchos periódicos se decantaron en sus informaciones por el lenguaje matemático en lugar del tradicional lenguaje literario.

Y no deja de resultar sorpresivo, también, el interés que mostraron por las conferencias aquellos a los que podríamos denominar "intelectuales de letras". Es el caso, ya comentado, de Josep María de Sagarra quien aseguró haber acudido a las conferencias de *Einstein* seguro de que no entendería nada e "*incluso con un poco de miedo de hacer el ridículo papel de dormirme*". Aseguraba haber entrado en las conferencias sin decir nada a nadie, "*como si me diera vergüenza, venciendo el hecho de que pudieran pensar de mí que era un pedante y que allí nadie me reclamaba*".

Algunos directores de periódicos optaron por enviar a cubrir las conferencias a científicos con vocación literaria. De esta forma mataron "dos pájaros de un tiro". El diario *El Liberal* confió dicha labor al historiador de la ciencia y matemático Francisco Vera, quien, como el lector podrá comprobar en este artículo publicado el día 8 de marzo de 1923, demostró un enorme dominio del lenguaje literario:

"*Son las cinco y media de la tarde cuando el cronista se dirige a la universidad.*

Aunque se ha extremado el rigor de las invitaciones para las conferencias einstenianas, es muy difícil encontrar un sitio vacío desde mucho tiempo antes de que el creador de la Relatividad empiece su lección.

Además, las deficientes condiciones acústicas del aula de Física dificultan la inteligencia de las ideas de Einstein, cuya voz suave, rectilínea, sin apenas inflexiones, llega muy tenue a los últimos bancos donde se apretujan los rezagados y el cronista no quiere perder ni una sílaba, porque desde la primera conferencia pudo comprobar que nuestro ilustre huésped sólo emplea las palabras precisas, cada una de las cuales responde a una idea perfectamente definida, palabras de un gran peso específico y de tal modo encadenadas que, una vez perdida una sola, es muy difícil entender el contenido del macizo párrafo de que formaba parte".

Hoy sería impensable –los libros de estilo periodístico lo desaconsejan– pero, en 1923, hubo diarios como *El Debate* –a través de los resúmenes científicos de Tomás Rodríguez Bachiller– que no dudaron, ni por un momento, en utilizar el lenguaje matemático para explicar las conferencias del físico alemán. Era su manera de decir que aquello que no se explica con lenguaje científico no es ciencia.

Porque la ciencia sin su lenguaje –matemático, físico o químico–, *"deja de ser una actividad racional para convertirse en un acto de fe"*, como bien expresa Carlos Elías. El fragmento que sigue corresponde a la crónica publicada por ese diario el día 4 de marzo:

"Einstein comienza su disertación. (...) Dice que la simultaneidad no subsiste cuando se toma otro sistema inercial en movimiento uniforme respecto al primero, o sea que la simultaneidad no es absoluta, y, por tanto, carece de sentido si no se expresa el sistema al que está referida.

(...) De modo que a cada suceso se hace corresponder cuatro números que lo definen con relación a un sistema k, números que serán las tres coordenadas x, y, z y el tiempo t; a este mismo suceso en otro sistema inercial k' le corresponden otros cuatro números x', y', z', t'".

Según *Glick*, los directores de los periódicos sólo tenían dos opciones a la hora de cubrir las noticias en torno a *Einstein*: hacerlo con un científico que profundizara en el fondo de ellas o enviar a un reportero que se quedara, únicamente, en los detalles que rodeaban el evento.

El Liberal o *El Debate*, al optar por la primera de ellas, representan dos ejemplos de cómo la prensa de la época optó por el rigor científico a la hora de informar de noticias que eran puramente científicas.

Por supuesto, no todos los diarios se comportaron de la misma manera. El diario barcelonés *El Noticiero Universal* eligió la segunda opción, es decir, hablar de la forma y no del fondo:

"Einstein habla tan pausadamente que parecía menos un profesor que un estudiante sometido a un examen oral".

Pero el periódico no engañó a sus lectores pues, de alguna manera, justificó su actuación: "*¿Qué dijo el doctor Einstein? Si difícil le ha sido al profesor resolver el complicado problema de la Relatividad, más difícil es aún para el chico de la prensa trasladar a las cuartillas los conceptos que expone el ilustre conferenciante*".

Hubo también algún diario que adoptó una posición "intermedia". O para ser más exactos que cambió de estrategia informativa durante la estancia de *Einstein* en nuestro país. Ese fue el caso del diario madrileño *ABC*.

El periódico comunicó a sus lectores que seguiría la senda rigurosa, seguida por *El Liberal* o *El Debate*, pues prefería explicar una parte de la teoría correctamente en lugar de realizar una "*vulgar síntesis del conjunto*". Pero tras la primera conferencia, el diario, cambió de estrategia. Así lo explicaba a sus lectores:

"*La segunda conferencia resulta absolutamente inaccesible aun para un público de cultura extensa, y creemos sinceramente que un diario no ha de sustituir a las revistas científicas.*

Un diario de gran circulación no puede hablar de ejes de coordenadas, de formas cuadráticas, de geodésicas, de fórmulas de transformación".

Con ese cambio de actitud, el diario *ABC* se sumaba a los que pensaban que el uso del lenguaje científico por parte de un periódico no aportaba nada a los expertos ni ayudaba a ilustrar a los profanos.

Para todos aquellos que piensan que a las mayorías siempre les asiste la razón, hay que decir que no debían de andar muy desencaminados pues esta, y no otra, es la línea periodística que se ha seguido en España, y en otros muchos países, desde entonces.

Pero resulta curioso, como recuerda Carlos Elías, que una profesión, el periodismo, cuya razón de ser consiste en desentrañar y explicar las causas de la realidad, "arroje la toalla" y se declare incompetente para analizar, como en el caso que nos ocupa, uno de los fenómenos que más ha influido en la ciencia y el pensamiento en los últimos siglos.

El profesor Elías es de los que piensan que los tecnicismos en los periódicos no sólo no alejan al gran público de la ciencia sino que engendran "*fascinación en el lector analfabeto científico*" y que si los medios de comunicación volvieran a incluir el lenguaje matemático en sus páginas habría un sector de los lectores que se esforzaría para entenderlo.

Desde luego, la cobertura mediática de la visita de *Einstein* a España, en la que el uso de un lenguaje altamente científico no alejó a los lectores de la ciencia, vendría a demostrar esta hipótesis.

Pero si, ciertamente, el uso del lenguaje científico fue muy importante en algunas de las crónicas de las conferencias impartidas por *Einstein* no lo fue menos la utilización del lenguaje literario.

Un buen ejemplo de ello lo constituiría la descripción fisionómica que, sobre *Einstein*, realizó el periodista Andrés Révész y que tan difícil sería encontrar en el periodismo actual:

"Tiene el pelo largo y rizado, que ha sido muy negro pero en el cual predominan ya las canas. Su frente es muy alta y combada.

(...) Sus ojos oscuros, tienen una expresión melancólica; su mirada es lejana, como acostumbrada a lo infinito. La nariz es hermosa, algo aguileña. Unos bigotes cubren el labio superior.

La boca es sensual, muy encarnada, más bien grande; entre los labios se dibuja una sonrisa permanente, ¿bondadosa o irónica? La tez es tersa, mate, de color moreno claro".

Un hecho constatado, y que no por ello deja de sorprender, es que la gente reconocía a *Albert Einstein* por la calle. Obviamente, la culpa recaía en la prensa. No sólo por el seguimiento, "casi exagerado", que realizó de la visita sino porque algunos medios le dedicaron las fotografías de portada –*ABC* le dedicó cuatro–, en una época, conviene recordar, donde la edición en huecograbado representaba tiempo y dinero.

La "gente" le reconocía pero no le conocía. Una anécdota, descrita por *Glick*, nos puede dar una idea del fervor popular que acompañó a la visita de *Einstein* y del escaso conocimiento que el público no formado –en este caso, el madrileño– tenía del físico alemán.

Por lo que cuenta el historiador norteamericano, *Albert Einstein* fue reconocido en plena calle por una castañera mientras paseaba. Seguramente su melena alborotada y otros rasgos físicos le delataban. *¡Viva el inventor del automóvil!*, exclamó convencida.

Pero sobre *Einstein* no sólo se escribieron ríos de tinta y se dispararon bastantes flashes. Las revistas satíricas y los diarios de información general publicaron numerosas viñetas y caricaturas con el sabio alemán como protagonista.

Los periodistas suelen decir que una noticia verdaderamente lo es cuando un humorista gráfico la elige como tema para su viñeta. Y se podría añadir que cuando esto ocurre es porque la noticia ha traspasado la frontera del debate experto y se ha situado en el centro del interés público.

La profesora Ana Romero de Pablos, historiadora del CSIC que ha estudiado el tratamiento que la prensa española dio a la figura de *Einstein* durante su estancia en España, aporta la siguiente reflexión: *"Nadie o casi nadie entendió a Einstein; pero las viñetas hicieron de él uno de sus protagonistas inmerso en la realidad cotidiana. Y esa conexión con lo popular fue el mejor marco para comunicar, celebrar y construir al héroe"*.

Como suele decirse, "para muestra un botón". En una viñeta de Sileno (seudónimo utilizado por el caricaturista y dibujante gráfico Pedro Antonio Villahermosa Borao), publicada en *ABC* el día 6 de marzo de 1923, su popular personaje *Don Gedeón* se encuentra en la calle con un, aparentemente, abatido *Albert Einstein*:

"¡Sí, señor Gedeón; no me dejan en paz ni una diezmillonésima de segundo, me traen y me llevan en un movimiento absoluto rectilíneo, curvilíneo, uniforme y acelerado...!"

Einstein en Madrid

Y otro más. Se trata de una viñeta publicada en el diario *El Sol* firmada por Luis Bagaría, uno de los más afamados caricaturistas españoles de la primera mitad del siglo XX. En ella, un niño dialoga con su padre:

"Dime papá, ¿hay alguien más sabio que Einstein?
Si, hijo.
¿Quién?
El que le entiende".

Efectivamente, la teoría de la relatividad dio mucho juego a los dibujantes de humor. Sirvió para hablar de política pero también de economía y se utilizó para hacer una crítica feroz a la universidad española de la época y "denunciar" que muchos de sus miembros no fueran capaces de comprender las teorías que aportaba la ciencia moderna:

"Y tú, Calinez, ¿has comprendido la teoría de la relatividad?
¡Hombre, la verdad: la he comprendido...muy relativamente!"
(Viñeta de Sileno, publicada en *ABC* el 3 de marzo de 1923, en la que quien responde es un miembro de un claustro universitario con su toga, birrete y libro correspondientes).

Las Conferencias de Einstein (Doctor Honoris Causa)

Las "denuncias" a las que hacía referencia sirvieron para potenciar los estudios en ciencias exactas y reforzar las asignaturas de ciencias en los estudios de ingeniería, tras quedar demostrado que muchos ingenieros tuvieron serias dificultades para entender el lenguaje matemático utilizado por la prensa para explicar las conferencias de *Einstein*.

Como ha quedado descrito en los capítulos precedentes, los periódicos de toda España describieron de manera minuciosa la estancia de *Einstein* en nuestro país, informaron pormenorizadamente de sus conferencias y de los actos sociales en los que participó, dieron cuenta de los debates suscitados en torno a sus teorías y de las reacciones a sus conferencias, y abrieron sus páginas para que otros científicos pudieran manifestar sus opiniones sobre el sabio alemán.

Expresado en lenguaje coloquial, los lectores "se desayunaban con *Einstein* y se acostaban con *Einstein*".

El profesor Einstein, inventor de la Teoría de la Relatividad

Y es, precisamente, todo lo expuesto lo que pone en valor el papel de la prensa de aquellos años. Porque, si bien los datos que los periodistas incluyeron en sus crónicas puede que no resulten de gran utilidad para los físicos, hay un hecho indiscutible: si los historiadores de la ciencia han podido reconstruir una parte importante de lo acontecido durante las tres semanas que duró el viaje de *Einstein* a España ha sido gracias a las informaciones periodísticas de aquellos días.

Lamentablemente no ocurrirá lo mismo, en un futuro próximo, cuando se intente estudiar el ambiente que rodeó la visita a nuestro país de un Premio Nobel o un Premio Príncipe/Princesa de Asturias, por poner un ejemplo.

Y ello, porque nadie lo habrá recogido en una crónica periodística.

EPÍLOGO

El viaje que *Einstein* realizó a España en el invierno de 1923 fue, sin duda, un hecho de enorme trascendencia. Prueba de ello, aparte de consideraciones científicas y filosóficas, fue, como ha quedado dicho, el seguimiento que la prensa realizó de la visita.

Ahora bien, con ser muy importante, la estancia del físico alemán en Barcelona, Madrid y Zaragoza no representó una novedad en cuanto a visitas de científicos importantes a nuestro país.

Efectivamente, *Marie Curie* había visitado España cuatro años antes, con motivo del Primer Congreso Médico Español, *Tullio Levi-Civita* lo había hecho para impartir un curso sobre mecánica clásica y relativista en 1921 y un año después lo harían *Arnold Sommerfeld* y *Hermann Weyl*, quienes visitaron España para impartir una serie de cursos monográficos organizados por Esteve Terradas.

Un aspecto que recogen muchos historiadores de la ciencia, entre ellos *Glick*, es que la visita del físico alemán provocó una "animada" discusión acerca del papel que debía desempeñar la ciencia en la sociedad española.

Ya quedó dicho que para algunos la presencia de *Einstein* en España era un signo de que la ciencia española había alcanzado la mayoría de edad mientras que para otros no dejaba de ser sino un triste recordatorio del pobre estado de nuestra ciencia.

Estos últimos hacían referencia a que *Albert Einstein*, sin él saberlo, nos había demostrado nuestra pobreza científica y nuestro "parvulismo" matemático. Tal vez no les faltara razón pero no se debe olvidar que fue la propia evolución de la ciencia española, como parte del proceso de modernización e internacionalización en que se hallaba sumida, la que había creado las condiciones que permitieron que el viaje tuviera lugar.

Estuviera o no la ciencia española al nivel que unos y otros deseaban, el hecho cierto fue que el viaje de *Einstein* favoreció el debate científico y, fuera este más o menos riguroso, ese fue un hecho positivo. Y no sólo el debate general sino, como apunta *Glick*, una discusión abierta sobre el valor de la investigación científica pura en oposición a aquella que se realiza con una finalidad práctica.

Independientemente del nivel de comprensión que mostraron los asistentes a las conferencias es indudable que estas, así como las reuniones científicas que contaron con la presencia del sabio alemán, fueron lo más interesante del viaje. Piénsese que dichas reuniones sirvieron para que nuestros físicos y matemáticos pudieran aclarar con *Einstein* conceptos que no terminaban de entender o que, incluso, no compartían con él.

Otro hecho positivo del viaje de *Albert Einstein* a España fue que produjo un aumento de la "producción literaria" relacionada con la relatividad. Fueron muchos los autores extranjeros que fueron traducidos y no pocos los textos de autores españoles que vieron la luz, muchos de ellos de divulgación.

Y, por supuesto, todo ello sin olvidar que la visita del sabio alemán ayudó a prestigiar y poner en valor a la comunidad científica española.

Aunque se podría decir que, en líneas generales, la ciencia española aceptó sin demasiados sobresaltos la relatividad –debido principalmente a que las figuras dominantes de la física y la matemática, Cabrera, Terradas y Plans, participaron activamente en su difusión– nadie cuestiona que la visita de *Einstein* marcó un antes y un después en lo que tiene que ver con la recepción y aceptación de la relatividad en España.

En "*La Teoría de la Relatividad en la Física y Matemática Españolas: Un capítulo de la Historia de la Ciencia en España*", Pablo Soler Ferrán divide en cuatro periodos la recepción de la relatividad en España. Los tres primeros anteriores al viaje de *Einstein* y el último de ellos con posterioridad a la visita.

El primer periodo o de introducción comprendería desde 1908 a 1911 e incluiría las primeras referencias de Terradas y Cabrera a la relatividad; aquellas en las que se interpreta esta teoría de manera incompleta.

Vendría a continuación un periodo de asimilación, desde 1912 a 1919, en el que se produce la interpretación correcta y completa por parte de Terradas y la evolución de Cabrera en el mismo sentido, a pesar de que el físico canario no había abandonado todavía la idea del éter.

El eclipse de 1919 y sus consecuencias marcará el inicio del tercer periodo y será aquel en el que se produzca la expansión y consolidación de la relatividad en España. Si hasta ese momento se habían publicado toda una diversidad de artículos relacionados con la relatividad, en este periodo se comenzarán a publicar libros completos.

El último periodo de recepción de la relatividad en nuestro país, desde 1924 hasta el comienzo de la Guerra Civil en 1936, podríamos denominarlo de diversificación. Durante estos años no sólo tendrá lugar un aumento de las publicaciones, continuidad del periodo anterior, sino que estas afectarán a diversas ramas de la física: teoría única de campo, cosmología, antirrelatividad, "pro éter", etc.

Desgraciadamente la Guerra Civil y la represión ejercida por los vencedores supusieron un freno al resurgimiento que se venía produciendo en la ciencia española desde los años veinte.

Instituciones científicas como la *Sociedad Española de Física y Química* o la *Sociedad Matemática Española* se vieron impregnadas del nacionalcatolicismo imperante y sufrieron la depuración de muchos de sus dirigentes. Ello afectó, sin duda, a su labor investigadora.

En una de las actas de la *Sociedad Española de Física y Química* se recogía lo siguiente: "*Se acuerda que funcione el Comité de Redacción para la admisión de trabajos tanto en su parte científica como en la solvencia ideológica del autor*".

Afortunadamente, a pesar de estas injerencias gubernamentales, que no se habían producido ni durante la dictadura de Primo de Rivera, el carácter privado de estas sociedades hizo que pudieran continuar su labor bajo el franquismo colaborando con el CSIC –creado por la dictadura– de igual manera a como anteriormente lo habían hecho con la depuesta JAE.

El alineamiento ideológico de la ciencia española con el franquismo hizo que durante los primeros años de la postguerra se viera claramente influenciada por las ciencias alemana e italiana. Sería a mediados de los años cuarenta cuando tornara la mirada hacia Iberoamérica antes de orientarse, definitivamente, hacia el ámbito anglosajón en la década de los cincuenta.

A lo largo de estos capítulos, los nombres de Esteve Terradas, Julio Rey Pastor, Blas Cabrera y José María Plans i Freyre han sido citados como los grandes introductores de la relatividad en España a la vez que sus mayores impulsores. Si excluimos a Plans i Freyre, que falleció en 1934, al final de la Guerra Civil ninguno de los otros tres se encontraba en España. Aunque bien es cierto que por motivos bien diferentes.

Posiblemente su vinculación con la dictadura de Primo de Rivera fue la causa que llevó a la República Española a desposeer de su cátedra de Ecuaciones Diferenciales de la Universidad de Madrid a Esteve Terradas, que acabaría instalándose en Argentina. Allí coincidiría con Rey Pastor quien, como el lector recordará, vivía a caballo entre Argentina y España desde 1921 pero que con el estallido de la contienda civil decidió también establecerse en Argentina.

México fue el otro gran país hispanohablante que acogió a refugiados españoles víctimas de la contienda civil. Blas Cabrera fue uno de los más de veinte mil españoles que acabaron exiliados en el país norteamericano ante la imposibilidad de volver a España, al final de la guerra. Había abandonado España a finales de 1936. En 1941 partió de París hacia México. Hasta 1945, año de su fallecimiento, trabajó en la Universidad Autónoma de la capital federal, sin haber tenido oportunidad de regresar a España.

De esa oportunidad si gozaron tanto Terradas como Rey Pastor. Tras el final de la Guerra Civil, y con Julio Palacios como principal interlocutor, comenzaron unas negociaciones tras las cuales Esteve Terradas regresó a España para permanecer en ella definitivamente. Hasta su fallecimiento en 1950 dirigiría el INTA, Instituto Nacional de Técnica Aeroespacial, que él mismo había fundado en 1942.

Julio Rey optó por mantener el modo de vida que libremente había elegido en, aquel ya lejano, 1921. Continuó alternando Argentina con España, Buenos Aires con Madrid. Así hasta su muerte, en la capital argentina, en 1962.

Diremos para finalizar que Terradas, Rey, Cabrera y Plans trazaron una senda que sería recorrida por otros muchos e importantes científicos en los años que siguieron a la Guerra Civil. Algunos de ellos, como el físico Julio Palacios, el físico y matemático Ramón Ortiz Fornaguera, el matemático y químico José María Iñiguez Almech, el físico Luis María Garrido Arilla o el matemático Antonio Romañá Pujó, dejaron textos escritos en los que trataban en mayor o menor medida la relatividad.

ANEXO I

CRONOLOGÍA DE LA VISITA
DIARIO DE EINSTEIN

Como ya se explicó en la introducción del libro, en este anexo se van a comparar, siguiendo la cronología de su estancia en España, los actos en los que *Einstein* estuvo presente con lo que al respecto de ellos el científico alemán anotó en su diario.

Un viaje de tres semanas –en aquella época y plagado de actos– se me antoja largo y cansado e inevitablemente el viajero ha de llevarse buenas y malas sensaciones.

Nunca he llevado un diario y, claro está, podría equivocarme. Pero supongo que quien lo hace anota en él tanto las buenas experiencias como aquellas que no lo han sido tanto. E imagino, también, que aquellos hechos que no dejan, en uno, impronta alguna ni siquiera se nombran. Salvo, por supuesto, que uno se olvide de anotarlos.

Con estas premisas vamos a repasar la visita de *Einstein* a España a la vez que a indagar en aquello que durante esos veinte días escribió.

Resumen de la estancia en Barcelona: del 23 al 28 de febrero

Viernes 23: Llegada a Barcelona.
Sábado 24: Conferencia sobre relatividad especial.
Domingo 25: Visita al monasterio de Poblet y a L'Espluga de Francolí.
Lunes 26: Visita a las iglesias paleocristianas y románicas de Égara (actual Tarrasa). Entrevista con el rector de la Universidad. Conferencia sobre relatividad general. Cena privada con el presidente de la Mancomunitat.
Martes 27: Visita a la Escola del Mar y al grupo escolar Baixeres. Recepción en el Ayuntamiento. Conferencia sobre las consecuencias filosóficas de la relatividad. Entrevista con Angel Pestaña. Cena en casa de Rafael Campalans.
Miércoles 28: Visita a la Escola Industrial. Paseo en barca en el puerto. Conferencia sobre los problemas actuales de la relatividad.

Einstein con Josep Puig i Cadafalch
en Tarrasa el 26 de febrero de 1923

Diario de Einstein: del 22 al 28 de febrero

22-28 de febrero: Estancia en Barcelona. Mucha fatiga, pero gente amable (Terradas, Campalans, Lana, la hija de *Tirpitz*), canciones populares, bailes. Comida. ¡Ha sido agradable!

Lo primero que llama la atención es la brevedad de las anotaciones en el diario. Seis días condensados en tan sólo unas pocas líneas y eso sin contar que *Einstein* añadió un día a la estancia en Barcelona (realmente llegó a la Ciudad Condal el 23 de febrero y no el día 22 como él anotó).

Ya comenté, en el capítulo dedicado a la estancia en Barcelona, que a cualquiera que pidiéramos opinión al respecto nos diría que probablemente *Einstein* realizó las anotaciones días después de partir de Barcelona y que por esa razón agrupó las impresiones de toda la estancia en una sola entrada.

Buscando además una explicación plausible se podría conjeturar que, posiblemente, lo hizo en un momento en el que se encontraba cansado (ese mismo cansancio que refleja en el diario y que tal vez le impidiera escribir sus impresiones en el momento en que estas tuvieron lugar) o en el que no disponía de tiempo para ser más explícito.

Fuera cual fuese la razón, no deja de ser sorprendente. Ni las conferencias, ni las visitas a monumentos, ni las recepciones, ni las entrevistas, nada de ello figura en el diario.

Tan sólo las personas y su amabilidad –aunque desentona un tanto la hija del político ultranacionalista alemán– ocupan un lugar privilegiado en esas escasas líneas.

Y por supuesto, la música y la comida –hay que suponer que se refiere a la cena relativista que tuvo lugar en casa de Rafael Campalans–, lo cual nos lleva de nuevo a las personas con las que compartió los seis días de estancia en Barcelona.

Resumen de la estancia en Madrid: del 1 al 11 de marzo

Jueves 1: Llegada a Madrid.
Viernes 2: Visita al Laboratorio de Investigaciones Físicas. Asistencia al espectáculo *Tierra de nadie* en el Teatro Apolo.
Sábado 3: Paseo por la ciudad. Visita al Museo del Prado. Recepción en el Ayuntamiento. Conferencia sobre relatividad especial.
Domingo 4: Paseo por la ciudad. Nombramiento como miembro extranjero de la Academia de Ciencias Exactas, Físicas y Naturales. Té de honor en casa de los marqueses de Villavieja donde improvisó un pequeño concierto con el violinista Fernández Bordas.
Lunes 5: Reunión en la Sociedad Matemática. Visita a Cajal. Conferencia sobre relatividad general.
Martes 6: Viaje a Toledo.
Miércoles 7: Audiencia en el Palacio Real con el rey y la reina madre. Conferencia sobre los problemas actuales de la relatividad. Recepción en la embajada alemana.
Jueves 8: Investidura como doctor *honoris causa* por la Universidad Central. Reunión con alumnos de ingeniería. Conferencia en el Ateneo de Madrid y nombramiento como miembro honorario del Ateneo Científico y Literario.
Viernes 9: Excursión a El Escorial y Manzanares el Real. Conferencia en la Residencia de Estudiantes.
Sábado 10: Segunda visita al Museo del Prado. Visitas a familiares.
Domingo 11: Tercera visita al Prado. Salida hacia Zaragoza.

Albert y Elsa Einstein fotografiados durante su estancia en Madrid

Diario de Einstein: del 3 al 11 de marzo

3 de marzo: Llegada a Madrid. Partida de Barcelona, cálida despedida. Terradas, cónsul alemán y la hija de *Tirpitz*, etc.

4 de marzo: Paseo en coche con los *Kocherthaler*. Escribí una respuesta al discurso de Cabrera en la Academia. Por la tarde una reunión en la Academia con el rey como presidente. Hermoso discurso del presidente de la Academia. Después, té con una aristocrática señorita. Por la tarde, en casa, sin embargo, totalmente católico.

5 de marzo: Por la tarde, reunión de la Sociedad de Matemáticas. Miembro honorario. Discusión sobre la relatividad general. Comida con *Kuno Kocherthaler*; visita a Cajal, maravilloso viejo. Seriamente enfermo. Invitación para cenar por *Herr Vogel*. Amable, humorístico, pesimista.

6 de marzo: Viaje a Toledo camuflado por muchas mentiras. Uno de los días más hermosos de mi vida. Cielo radiante. Toledo es como un cuento de hadas. Nos guía un entusiasta viejo que al parecer ha producido algunos trabajos importantes sobre El Greco. Las calles y la plaza del mercado, visita de la ciudad, el Tajo con algunos puentes de piedra, cuestas de piedra, agradables planicies, catedral, sinagoga. Puesta de sol con resplandecientes colores en nuestro regreso. Un pequeño jardín con vistas cerca de la sinagoga. Una magnífica pintura del Greco en una pequeña iglesia (entierro de un noble), entre las cosas más profundas que vi. Un día maravilloso.

7 de marzo: Doce en punto. Audiencia con el rey y la reina madre. Ella revela su conocimiento de la ciencia. Se ve que nadie le dice a ella lo que él está pensando. El rey, sencillo y digno, me produjo admiración. Por la tarde, la tercera conferencia en la Universidad. Auditorio atento que seguramente no comprendió casi nada debido a la dificultad de los problemas tratados. Embajador y familia, espléndido, gente íntegra. La fiesta, penosa, como de costumbre.

8 de marzo: Doctor honorífico. Auténticos discursos españoles acompañados de fuego de bengalas. El embajador alemán habló sobre las relaciones hispano-alemanas, largo discurso, pero el contenido era bueno, alemán de cabo a cabo. Nada retórico. Después, una visita a estudiantes de técnica. Hablar y hablar sólo, pero bienintencionado. Por la tarde, una conferencia. Seguidamente, una velada de música en casa de *Kuno Kocherthaler*. Un artista (director del conservatorio), Bordas, tocó el violín espléndidamente.

9 de marzo: Viaje a las montañas y Escorial. Un día maravilloso. Por la tarde, una recepción en la Residencia, con discursos por Ortega y por mí.

10 de marzo: Prado (contemplación principalmente de obras de Velázquez y Greco). Visitas de despedida. Comida con el embajador alemán. Pasé la tarde con *Lina Kocherthaler* y los *Ullmann* en una primitiva y diminuta sala de baile. Tarde alegre.

11 de marzo: Prado (magníficas obras de Goya, *Rafael*, *Fra Angélico*).

Todo hace pensar que, así como las anotaciones correspondientes a la estancia de *Einstein* en Barcelona fueron trasladadas al diario días después de tener lugar los hechos y sin ningún tipo de detenimiento en ellos, las relativas a los días pasados en Madrid fueron realizadas con mucho esmero e incluso, en algunos casos, con una cierta recreación en los detalles.

¿Dispuso de más tiempo para ello? ¿Se encontraba menos cansado al regresar, cada noche, al hotel? Es difícil saberlo pero, desde luego, la descripción de lo acontecido durante esos días en Madrid nos recuerda, y mucho, al diario de un adolescente que cada noche, antes de dormir, recrea en él todos los recuerdos del día, en especial los más gratos.

Las "anotaciones madrileñas" comienzan con un error pues el dato de llegada a Madrid es inexacto –*Einstein* llegó a la capital de España el día 1 de marzo y no el día 3, como figura en su diario– y continúan con un nuevo agradecimiento a los "amigos catalanes" que fueron a despedirlo a la estación, "hija de *Tirpitz*" incluida (no sabemos si *Einstein*, al escribir el diario, pensaría en la dama o en su padre, el político ultranacionalista y antisemita).

El error en la fecha de llegada a Madrid podría indicar que la anotación en el diario no fue realizada inmediatamente después de producirse y podría ser el responsable de que en él no se recoja ninguna de las actividades desarrolladas por *Einstein* durante los tres primeros días que permaneció en la capital del reino.

Habría resultado interesante conocer la opinión de *Albert Einstein* sobre el Laboratorio de Ciencias Físicas de Blas Cabrera, la sensación que le causó la primera de las tres visitas al Museo del Prado o la impresión que le produjo su reunión con el alcalde de Madrid, el renombrado político Joaquín Ruiz-Giménez.

Obras de los maestros que Albert Einstein cita en su diario tras sus visitas al Museo del Prado: 1. Diego Velázquez (Las Meninas); 2. Francisco de Goya (El tres de mayo de 1908 en Madrid); 3. Rafael Sanzio (El Cardenal); 4. Fra Angélico (La Anunciación); 5. El Greco (El caballero de la mano en el pecho)

A partir del día 4 el diario del físico detalla, en algunos casos con precisión de relojero, la totalidad de las actividades llevadas a cabo durante esos días de marzo. Prácticamente ni uno sólo de los actos en los que participó quedó fuera de las páginas del diario, si bien es cierto que no todos con la misma profusión de detalles.

En cuanto a aquellos que ofrecen un número mayor de pormenores destacaría tres. Por orden cronológico, su nombramiento como miembro de la Academia de Ciencias Exactas, Físicas y Naturales, el viaje a Toledo y la recepción de que fue objeto en el Palacio Real, por parte del monarca y la reina madre.

Albert Einstein fue nombrado miembro de la Academia de Ciencias Exactas, Físicas y Naturales. Sabemos que fue así, pero las referencias que de ese día aparecen en su diario no citan el hecho como tal. ¿Quizá por no parecer presuntuoso?

Las anotaciones constituyen una especie de rompecabezas en el que las desordenadas alusiones a los otros actores del evento conducen al protagonista principal: una reunión de la Academia presidida por el rey, un hermoso discurso del presidente de la institución y un discurso en respuesta a Blas Cabrera. Así, ordenados, adquieren todo su sentido.

Si hay una fecha en el diario de *Einstein* en el que la emoción desborda las palabras es la del día de la excursión a Toledo.

Einstein quería visitar Toledo no tanto por sus joyas artísticas sino por buscar en esa ciudad su esencia judía. Seguramente la encontró, pero el diario revela que halló mucho más: un cielo radiante que explotó en una paleta de colores al atardecer, piedras milenarias que le transportaron a un cuento de hadas y la representación de un entierro que, seguramente, le llevó a pensar en la materia y la energía desde un punto de vista muy distinto al que él acostumbraba.

Einstein había visitado a muchos mandatarios. Sabía por ello que, en esas ocasiones, el protocolo manda y la puntualidad es el primer mandamiento. Se reunió con un "digno y sencillo" Alfonso XIII –a quien acompañaba su madre, la reina María Cristina– en el Palacio Real de Madrid, a las 12 en punto de la mañana.

Si la visita se hubiera producido un año después, ¿habría utilizado *Einstein* el adjetivo digno para referirse al rey de España? ¿O habría considerado que un rey pierde la dignidad y deja de ser merecedor de aquello que representa cuando permite y respalda un golpe de estado y una dictadura? El mito de *Albert Einstein* nos conduciría a decantarnos por la segunda de las posibilidades, pero ¿quién sabe? A veces las razones de Estado son muy poderosas y, aunque sabio, *Einstein* no dejaba de ser un hombre.

Todas las conferencias, a excepción de la primera debido al error en la fecha de llegada, tuvieron cabida en el diario. También todas las visitas a instituciones y sociedades científicas, así como la entrevista con Santiago Ramón y Cajal. Algo lógico, por otro lado, si se piensa que estas y no otras fueron el objeto principal del viaje (aunque también lo eran de la visita a Barcelona y el diario no las recogió).

Tampoco quedaron fuera de las páginas del diario del físico alemán los paseos por la ciudad –en coche junto a los *Kocherthaler* o a pie mezclándose con la gente–, los actos sociales o las visitas al Museo del Prado. Llama la atención como con poco más de una docena de palabras, el sabio alemán, dejó claras sus preferencias pictóricas.

Einstein amaba la naturaleza. Le gustaba caminar por la montaña y navegar por los lagos. Algunas descripciones de su estancia en Toledo y el maravilloso día pasado en la sierra madrileña dan fe de ello.

Y, por encima de todo, amaba la música. Habría resultado impensable que ese sentimiento no hubiera aparecido en las páginas de su diario. Canciones populares y bailes en Barcelona, y concierto de violín en Madrid.

Resumen de la estancia en Zaragoza: del 12 al 14 de marzo

Lunes 12: Conferencias sobre relatividad especial. Cena en el consulado de Alemania.
Martes 13: Visita de la ciudad y sus monumentos más importantes (La Seo, El Pilar, Palacio de la Lonja y Castillo de la Aljafería). Almuerzo en el Casino Mercantil. Conferencia sobre relatividad general. Cena en el Consulado alemán. Asistencia a una representación teatral (*La viejecita*).
Miércoles 14: Visita al laboratorio de Antonio Gregorio Rocasolano. Almuerzo con el pianista *Emil von Sauer*. Salida de Zaragoza con destino Berlín, seguramente vía Barcelona.

Albert Einstein conversa con el matemático andaluz Pedro Pineda (centro) durante su paso por Zaragoza

Diario de Einstein: 12 de marzo

12 de marzo: Viaje a Zaragoza.

No, no es un error. Es la única entrada que figura en el diario de *Einstein* en relación a los tres días que el físico pasó en la ciudad del Ebro.

Como en el caso de Barcelona, sólo podemos conjeturar. Por lo que conocemos de su estancia en Zaragoza, *Albert Einstein* no tenía ningún motivo para olvidarse "voluntariamente" de ella. Muy al contrario –como ya quedó dicho– se llevó una gratísima impresión de la ciudad y de sus gentes.

Según sus propias palabras, sólo en Zaragoza *había percibido las palpitaciones del alma española* y de Zaragoza se llevó, también, el abrazo emocionado de una jovencísima baturrica, miembro de una rondalla que cantó y bailó en su honor.

También en esta ciudad vivió el "momento solidario" en el que diversas asociaciones de estudiantes universitarios le entregaron el dinero recaudado entre sus miembros con el fin de contribuir a satisfacer las necesidades más perentorias de los estudiantes alemanes.

Y si nos ceñimos al ámbito puramente académico, ¿cómo podría *Einstein* haberse olvidado de su colega Rocasolano, el científico aragonés que llevaba años investigando, al más alto nivel, sobre el movimiento browniano?

Pero aún hay más. Porque aunque pudiéramos imaginar al físico alemán olvidándose de todo lo que acabamos de describir jamás deberíamos atrevernos a imaginarlo renegando de la música. En el caso de Zaragoza de su almuerzo y conversación con su compatriota, el pianista *Sauer*.

Hemos de suponer, por tanto, que la ausencia de "anotaciones aragonesas" en el diario de viaje de *Albert Einstein* obedeció a un olvido involuntario provocado por lo apretado de la agenda, al cansancio acumulado por el largo viaje o a los preparativos del inminente regreso a Alemania.

De haber reparado en ello lo habría subsanado.

Estoy seguro de ello.

ANEXO II

ANDRÉS RÉVÉSZ
UNA HORA CON EINSTEIN

Andrés Révész buscó a *Einstein* y, como él mismo escribiría, lo encontró en uno de los compartimentos del tren que hacía el recorrido Barcelona-Madrid.

No sabría decir si el origen judío de ambos facilitó el encuentro pero Révész consiguió hablar con el físico alemán y la conversación que mantuvieron vio la luz, en forma de entrevista, en el diario *ABC*.

Justo dos meses después, el 2 de mayo de 1923, Révész entrevistó en Madrid a otra celebridad, en este caso del mundo de la literatura: *Thomas Mann*, el autor de *La Montaña Mágica*.

Révész no fue un periodista "cualquiera". Hablaba siete idiomas, se carteaba con Alfonso XIII, fue comendador de la Orden de Isabel la Católica y tenía en su haber otras quince condecoraciones de otros tantos países extranjeros.

Sesudo y enciclopédico, también vanidoso. Son algunos de los adjetivos que utiliza Victor Olmos en su *Historia del ABC, 100 años clave en la historia de España*, para referirse a Révész. Parece ser que tenía un fuerte carácter y un buen concepto de sí mismo.

"Era famoso entre los periodistas madrileños por su pajarita, su larga, rizada y enhiesta cabellera blanca, y por tener fresca en la memoria toda la historia del mundo", se puede leer en el libro de Olmos.

Húngaro de nacimiento, Révész había estudiado filología románica en Budapest. Y en esta ciudad empezó a ejercer la profesión periodística antes de viajar a Paris, donde continuaría estudiando y trabajando.

Al estallar la Primera Guerra Mundial, Révész, fue expulsado de Francia, por su condición de ciudadano del Imperio Austrohúngaro, y fue entonces cuando recaló en España, donde fijaría su residencia con carácter permanente y obtendría la nacionalidad española.

En nuestro país escribió su primer artículo para *La Acción*. Poco tiempo después, de la mano de Manuel Aznar, abuelo del expresidente del Gobierno de España, ingresó en el diario *El Sol* y durante algún tiempo compaginó el trabajo en ese periódico con las colaboraciones que realizaba para el diario bonaerense *La Nación*. Finalmente llegaría a la sección de internacional de *ABC* donde no tardó en labrarse una envidiable carrera que le permitiría codearse con el cuerpo diplomático y viajar por muchos países.

Fue representante en España de varias agencias de prensa internacionales –*North American Newspaper Alliance, International News Service* y *London General Press*– y desarrolló una fecunda carrera como escritor.

Varias de sus obras guardarían relación con la política internacional –*La Conferencia de Washington y el problema del Pacífico, La Grecia de hoy, La reconstitución de Europa y la Rusia de los soviets, Mussolini: El dictador en pijama*–, pero escribió también varias biografías –*Wellington,* lord *Marlborough,* Narváez– y unas cuantas novelas de carácter histórico.

Andrés Révész (1947)

De su producción literaria llama la atención su interés por el amor y las mujeres. Son varias las obras que profundizan en esta temática: *Edad y belleza en el amor, La mujer ideal, El matrimonio ideal, Así son ellas, La felicidad en el matrimonio* y un largo etcétera.

Pero hay un hecho, poco conocido, en la vida de Andrés Révész que resulta verdaderamente curioso y, quizá por ello, digno de ser mencionado: trabajó para el bando nacional coordinando una red de espionaje en Madrid durante la Guerra Civil, según se desprende de varios sumarios encontrados en el Archivo General Militar de Madrid.

En julio de 1936, Révész cayó en desgracia. *ABC* fue incautado y la Oficina de Prensa Extranjera no le renovó la acreditación por su supuesto *"posicionamiento reaccionario"* en cuestiones internacionales.

Révész comenzó entonces a colaborar con el gobierno de Hungría pasándole información sobre los movimientos de los oficiales y soldados húngaros alistados en las Brigadas Internacionales y la ubicación de las posiciones republicanas en el frente madrileño.

Según consta en uno de los sumarios de 1938, Révész tenía a su cargo a una docena de agentes desplegados en la retaguardia madrileña. La periodista Aránzazu Moreno (*abc.es*, 10/11/2015), comenta que el grupo solía reunirse en el *Café Ivory*, en la esquina de Alcalá con Cedaceros, y allí intercambiaban las informaciones obtenidas sobre el enemigo.

La información, *"cifrada en clave numérica en los márgenes de libros escritos en húngaro o como cartas de los trabajadores de la embajada a sus familiares"*, era enviada a Budapest por valija diplomática desde la embajada húngara en Madrid.

En junio de 1938, Révész fue detenido en su domicilio madrileño de la calle General Pardiñas y acusado de espionaje.

Pasó algo más de un mes en la cárcel de Porlier (Prisión Provincial de Hombres, nº1) en espera de juicio. En su defensa aportó cartas escritas por el líder socialista francés *León Blum*, el político antifascista italiano *Francesco Nitti* y la política republicana española Victoria Kent. Finalmente fue absuelto por el Tribunal Especial de Guardia número 3.

Pero, desafortunadamente para él, cuando iba a ser liberado se personaron en la prisión de Porlier varios agentes del SIM (Servicio de Información Militar) y ordenaron que fuera nuevamente detenido.

Por lo que parece, uno de los miembros de su grupo que había sido detenido unos días antes había señalado a Révész como jefe de la red de espionaje.

El resto de los integrantes del grupo fueron detenidos en los días siguientes y todos ellos trasladados a Valencia, acusados de espionaje y alta traición. Los interrogatorios que les fueron practicados están recogidos en un informe del SIM (demarcación Levante). Todos los arrestados reconocieron su labor como espías durante el conflicto armado.

Condenado por espionaje, Andrés Révész pasó siete meses en la cárcel, cinco de ellos incomunicado en la Cárcel del Preventorio número 1 de Valencia (nombre con el que se conocía a las checas o establecimientos de reclusión en los que, al margen de la legalidad republicana, se interrogaba, torturaba e incluso se asesinaba a individuos sospechosos de simpatizar con el bando rebelde).

Andrés Révész posando para el escultor Emilio Laiz Campos

El propio Andrés Révész contó "parte" de su historia en un artículo en el diario *ABC*, el día 29 de marzo de 1940:

"El SIM me acusaba de espionaje, y un martes y trece, a las 8 de la mañana, tras seis horas de interrogatorio ininterrumpido, firmé que, en efecto, reconocía haber cometido ese crimen. Era preferible eso a que conocieran mi verdadera actuación".

¿Hubo algo más que desconocemos? O Révész estaba alardeando o, justo treinta años después, el periodista hispano-húngaro se llevó su secreto a la tumba.

Este fue el hombre que un día de 1923 se subió a un tren y, una vez lo hubo encontrado, abordó al personaje que buscaba, al hombre que con sus teorías había revolucionado el mundo de la física y tendría una influencia capital en el futuro de la ciencia y la humanidad.

Reproduzco a continuación el artículo firmado por Révész que recoge la conversación mantenida con el físico alemán, *Albert Einstein*:

Una hora con Einstein
ABC, Madrid 2 de marzo de 1923

Andrés Révész

...En Guadalajara, tomo el rápido de Barcelona y me pongo en busca del que es ilustre huésped de España y hoy de Madrid. Después de echar la mirada en unos compartimientos, lo percibo a través del cristal conversando con su esposa.

Sería imposible confundir con otra esta cabeza característica, que es más bien la de un artista que la de un sabio. Tiene el pelo abundante, largo y rizado, que ha sido muy negro, pero en el cual predominan ya las canas. Su frente es muy alta y combada; la surcan dos arrugas profundas. Cuando reflexiona, otros surcos verticales surgen entre sus cejas. Sus ojos, oscuros, tienen una expresión melancólica; su mirada es lejana, como acostumbrada al infinito. La nariz es hermosa, algo aguileña. Unos pequeños bigotes cubren el labio superior. La boca es sensual, muy encarnada, más bien grande; entre los labios se dibuja una sonrisa permanente, ¿bondadosa o irónica? ¡Quién podría definirlo! La tez es tersa, mate, de color moreno claro.

Toco en la puerta. *Einstein* levanta hacia mí una mirada sorprendida, casi asustada. ¿Habrá sufrido mucho por las indiscreciones de periodistas?

Entro, me presento, le exhibo el *ABC* de esta mañana, que lleva en primera plana su fotografía y sencillamente, sin más preámbulo, se levanta, me da la mano y me invita a sentarme. Es alto (acaso tenga un metro 75 centímetros), ancho de hombros, con la espalda algo encorvada. Siento honda emoción al estrechar esta mano que sobre el misterioso universo ha escrito, desde *Newton*, las cosas de mayor trascendencia y al recibir la mirada de este genio, que ha sabido penetrar en los misterios que permanecen opacos y ocultos a los demás hombres.

Mientras el tren corre hacia Madrid, *Einstein* me honra soportando mis preguntas.

El hombre

Alberto (en castellano en el artículo) *Einstein* nació en Ulm (Wurtemberg) en 1879. Después de haber obtenido el título de bachiller en un colegio de Múnich, la familia se trasladó a Milán. *Einstein* habla bien italiano, y dio en este idioma sus conferencias en Italia.

De Milán se fueron a vivir a Suiza; *Einstein* pasó cuatro años en la Escuela Politécnica de Zúrich, donde –lo confiesa risueño– resultó estudiante bastante mediocre. En 1901 se naturalizó suizo. De 1902 a 1909, necesitado de un ingreso fijo, aceptó un empleo: fue funcionario en el *Registro de Invenciones y Marcas* de Berna.

Cuando "vio" la relatividad

Durante esta época, exactamente en 1905 (¡a la edad de 26 años!), encontró la idea fundamental de la teoría de la relatividad especial; dos años más tarde, la de la relatividad general. De 1909 a 1911, enseñó en las Universidades de Zúrich y Praga. Al siguiente año, el antiguo alumno mediocre era nombrado catedrático del Politécnico de Zúrich. En febrero de 1914, la Academia de Ciencias de Berlín le confiaba la dirección del Laboratorio de Física. Y en 1915, mientras Europa se destrozaba en la guerra, este genio de la ciencia, absorto en el desarrollo de sus teorías, completaba su desarrollo.

Después de la guerra viajó por Inglaterra y Estados Unidos, donde dio sus conferencias en alemán, porque no domina a la perfección el inglés. En el año último fue invitado por el Colegio de Francia. Ahora viene a España directamente del Japón, donde pasó seis semanas, recorriendo todo el país, y de Palestina, donde permaneció 15 días.

Viene por primera vez a nuestro país, y dice que le ha sorprendido el adelanto de Cataluña. Visitará Toledo, y procurará dar una conferencia en Zaragoza. De España vuelve a Berlín, donde reside habitualmente (dos veces por año da cursos en la Universidad de Leyden), y donde falta desde hace seis meses. De los sabios españoles, conoce personalmente al físico Cabrera (su amistad se trabó en Zúrich) y al profesor Terradas. De reputación, conoce desde hace 20 años al sabio Ramón y Cajal.

Detalles de su vida

¿Tendría usted la bondad de indicar a los lectores de *ABC* los detalles de su vida cotidiana? (Se echa a reír; tiene una risa muy juvenil).

¿Pero a quién podría interesar esto? Pues bien, voy a satisfacer su curiosidad periodística. Mi vida es muy irregular. A veces, cuando me preocupa un problema, no trabajo durante días enteros; me paseo, voy y vengo en mi casa, fumo, sueño y pienso. Por el contrario, hay semanas que no ceso de trabajar. Pero, en general, me acuesto a las once y me levanto a las ocho. Como ve usted, mi cuerpo y mi cerebro necesitan un largo sueño reparador. Salgo raramente por la noche; me molesta la vida social.

Ah! Pues lo ignoré hasta ahora –le interrumpe, también riendo, su señora–; yo creo que salimos bastante y recibimos a mucha gente. Pero me alegro saber que esto te moleta, porque también me molesta a mí. En cuanto volvamos a Berlín cambiaremos de manera de vivir.

Conforme –dice *Einstein*–. Luego se dirige a mí, y añade: Desgraciadamente, fumo mucho, aunque sé que el tabaco perjudica a la salud y a la memoria. Por esta misma razón, no pruebo el alcohol, ni tomo café, excepto de vez en cuando, en sociedad.

El artista

¿Tiene usted tiempo para ocuparse de literatura, de arte, de música? ¿Es cierto que es usted un excelente violinista?

Hombre, le diré; me gusta mucho la música y toco, en efecto, casi diariamente, el violín. Pero, excelente violinista...

Pues no lo crea usted –me dice alegremente su esposa–, no sólo tiene un alma de artista, sino también una excelente técnica.

¿Cuáles son sus músicos preferidos?
Bach y *Mozart*.

¿Y sus poetas preferidos?
Shakespeare y Cervantes. Leo muy a menudo *Don Quijote* y también las *Novelas Ejemplares*. Cervantes me gusta de una manera extraordinaria; tiene un humor encantador, al cual se suma uno involun-

tariamente. También me gusta la literatura rusa, ante todo *Dostoievski*, y de sus novelas pongo en primer lugar *Los hermanos Karamazov*.

En cuanto a la pintura, me interesa, desde luego, pero aún más me interesa la arquitectura.

Sus ideas políticas

Le ruego a usted –me dice *Einstein*–, que rectifique las declaraciones que se me atribuyen. Es cierto que acepté la invitación de los sindicalistas, pero dije lo contrario de lo que escriben los periódicos. Dije que no soy revolucionario, ni siquiera en el terreno científico, puesto que quiero conservar cuanto se pueda y pretendo eliminar tan sólo lo que imposibilite el progreso de la ciencia. Dije "*que debía hacerse lo mismo en la sana evolución política*".

¿Cómo hubiera podido pronunciar las palabras que se me atribuyen, puesto que vivo apartado de toda actividad política? Cierto que soy un sincero demócrata, me interesan los problemas sociales y deseo la igualdad de derechos para todos los seres humanos; pero no tengo fe en una sociedad socialista, ni en el programa de producción de los comunistas.

¿Qué opina usted de la ocupación del Ruhr?
Lo que hace Francia es sumamente perjudicial para Alemania y para ella misma.

En esta amable charla ha pasado una hora. ¡Con cuánta rapidez! ¡Qué razón tiene *Einstein* al afirmar que el tiempo es un concepto muy relativo! Ya se ven las luces de la estación del Mediodía. Llegamos. En el andén negrea una multitud, en espera del gran sabio. *Einstein* baja del tren. El magnesio del fotógrafo del *ABC* lanza su llamarada, su luz violenta.

ANEXO III

LA OFERTA DE UNA CÁTEDRA A EINSTEIN EN 1933 UN SUEÑO QUE NO SE HIZO REALIDAD

Con toda seguridad, una de las mayores decepciones que se hubiera llevado Fernando de los Ríos, si hubiera permanecido al frente del ministerio de Instrucción Pública en el verano de 1934 –había dimitido de su cargo en el mes de junio del año anterior–, habría sido el no poder culminar el proyecto de traer a *Albert Einstein* a ocupar la cátedra que la Universidad Central de Madrid estaba dispuesta a crear para el físico alemán.

Pero seguramente, el 10 de abril de 1933 su ánimo sería otro bien distinto. Ese día, según publicaría el diario *El Sol* al día siguiente, Fernando de los Ríos hizo pública una noticia que no pasó desapercibida para nadie:

"Hoy he recibido un "radio" urgente del Profesor Einstein aceptando las proposiciones que le habían sido hechas de incorporarse a la Universidad de Madrid, donde continuará su labor de investigación en los diferentes seminarios e instituciones de ciencias físicas. Con él colaborará el grupo de profesores españoles de esta especialidad para dar a las ciencias españolas un mayor impulso.

(...) Para mí personalmente es de una gran satisfacción haber conseguido esto, y he de hacer notar que el único propósito es enriquecer con una figura tan relevante en las ciencias del mundo como ésta, el cuadro de profesores de nuestra Universidad".

El ministro de Instrucción Pública y Bellas Artes del gabinete de Azaña había presentado el mes anterior, el 17 de marzo de 1933, el *Proyecto de Ley de Reforma Universitaria* con la intención, entre otras cosas, de propiciar una red universitaria coherente con estas tres finalidades: *crear buenos profesores, formar investigadores competentes y favorecer la difusión pública de cuanto constituye el organismo de la cultura.*

Fue en este contexto en el que se presentó la posibilidad de "fichar" a *Einstein*. Desde luego, la idea no era descabellada.

Los profesores *Glick* y Sánchez Ron, a partir de una serie de documentos depositados en los *Einstein Archives del Institute for Advanced Study de Princeton*, sostienen que la oferta de conceder una cátedra extraordinaria a *Einstein* procedió de Ramón Pérez de Ayala, actuando *Abraham Shalom Yahuda* como intermediario.

Pero, ¿quiénes eran estos dos personajes? Protegido de Leopoldo Alas, "Clarín", y amigo de Jacinto Benavente, Juan Ramón Jiménez, Ramón María del Valle-Inclán y José Martínez Ruiz, "Azorín", el escritor y periodista Ramón Pérez de Ayala era en aquellos años embajador de España en Gran Bretaña y mantenía cierta relación con algunos intelectuales ingleses, como por ejemplo *Rutherford*, y no ingleses, como el propio *Einstein*.

Ramón Pérez de Ayala (Sorolla, 1920)

Abraham Shalom Yahuda, nacido en Jerusalén, era un judío de origen iraquí, sionista como *Einstein* y cuya vinculación con España se remontaba a los tiempos del rey Alfonso VIII de Castilla, de quien uno de sus antecesores por parte paterna, *Yosef ben Shushán*, había sido ministro.

Yahuda ocupaba una cátedra de hebreo en la Universidad de Madrid y llegó a poseer un enorme archivo de documentos raros que a su muerte fueron donados a la *Jewish National and University Library*.

Abraham Shalom Yahuda (1916)

Unos días antes del anuncio público de Fernando de los Ríos, el 5 de abril de 1933, Pérez de Ayala escribió a *Yahuda*:

"*Mi ilustre, admirado y querido amigo:*

Como le comuniqué ya por teléfono, el Gobierno español, en Consejo de Ministros celebrado ayer, acordó nombrar al insigne Einstein Profesor extraordinario de la Universidad Central en Madrid. El estado le pagará los gastos de viaje y le ofrece el sueldo máximo de Catedrático, que es de 18.000 a 20.000 pesetas.

Me permito indicar a Vd. que esta remuneración dado el coste de vida en España, equivale a más de 2.000 libras en Inglaterra; y no creo exagerar.

En todo caso, estoy seguro de que si, una vez en España el Señor Einstein, resultase insuficiente aquella atribución el Estado español acudiría a poner remedio.

En cuanto a las obligaciones que con su aceptación contraería el Señor Einstein, se le deja por entero a su libre arbitrio para que haga según le plazca aquello que coincida con su conveniencia y comodidad.

(...) En rigor, de lo que se trata es que España aspira a la honra máxima de honrar públicamente a tan eximio sabio, y al honor equivalente de tenerle de huésped dilecto.

(...) Confío además que Vd., mi ilustre amigo, tan español y tan persuasivo, incline hacia la afirmativa su voluntad, si estuviese vacilante".

El ofrecimiento de una cátedra a *Einstein* por parte de la Universidad madrileña –en un instituto de investigación que llevaría su nombre– tuvo una desigual acogida en los periódicos de la época.

Si diez años atrás, durante la visita del físico alemán a nuestro país, ningún diario dio la más mínima prueba de antisemitismo no ocurrió lo mismo en 1933. Y por supuesto, la polarización de la vida política, ofreció, también en la prensa, tratamientos completamente enfrentados.

Así se expresaba el diario izquierdista *El Liberal* el 11 de abril de 1933:

"Einstein acude a España cuando, anulado por nuestra Constitución el famoso edicto de los Reyes Católicos, que expulsó a los judíos, Alemania, su patria nativa, emprende una ofensiva feroz contra los israelitas persiguiendo con saña a todos los que llevan en sus venas sangre semita. Y Einstein la lleva.

Bienvenido sea el gran hombre al viejo suelo español, y enhorabuena al Gobierno de la República, que al incorporar el nombre de Einstein al cuadro de nuestros profesores da un nuevo paso para que nuestras Universidades sean lo que fueron en el siglo XVI, y al propio tiempo realiza un acto que es paradigma de tolerancia racial y religiosa".

Y así lo hacía el diario católico *El Debate* que, como muy bien señalan Sánchez Ron y *Glick*, no tardó en reaccionar. Al día siguiente, miércoles 12 de abril, en su editorial *Todo es relativo*, decía cosas como estas:

"Es lamentable que en los momentos en que se anuncia que un gran prestigio científico, Einstein, va a desempeñar cátedra en la Universidad madrileña, no se pueda prescindir de darle al asunto un marcado cariz político y sectario. Pierde así el tema las calidades que podrían hacerlo grato a la totalidad de los españoles.

(...) Ya conocerá más a fondo nuestros medios universitarios. Y cuando empiece a trabajar en ellos, creído acaso en que a ellos advino por méritos de su ciencia, puede que pregunte por aquellos hombres cuyo saber él estimaba y que esperará ver premiados y ensalzados en país tan amante de la cultura.

Él, que dijo: he descubierto un hombre extraordinario, Terradas, se enterará con asombro de que Terradas perdió su cátedra en la Universidad de Madrid porque estaba tildado de derechas.

Él, que cierta vez elogió a otros sabios de España, sabrá con dolor que alguno de ellos no puede explicar en nuestro país por ser un religioso católico...".

Pero fue en páginas interiores donde *El Debate* elevó la dureza del discurso:

"Gran alegría porque Einstein se ha decidido a venir a España.

Aunque los diarios ministeriales aseguran que Einstein es una víctima de la persecución hitleriana, ni le ha sido negado el permiso para estudiar y enseñar en Alemania y menos para residir en aquel país.

Se destierra voluntariamente.

(...) El ministro socialista se ha apresurado a ofrecerle protección. Judaísmo y marxismo se identifican y confunden. Al marxismo le da vida un judío, y judíos son sus directivos mas calificados en Europa".

Abraham Shalom Yahuda no necesitó convencer a *Einstein*, como le pedía Pérez de Ayala, pues el físico alemán no estaba en absoluto vacilante. Prueba de ello es que entre la carta de Pérez de Ayala a *Yahuda* y la comunicación oficial de la aceptación de la cátedra transcurrieron tan sólo cinco días.

Pérez de Ayala, Einstein y Yahuda en Holanda

Einstein recibió el ofrecimiento de la cátedra española una vez que, tras la llegada de *Hitler* al poder, decidió no volver a Alemania. Pero, curiosamente, en aquellas fechas el físico alemán "coleccionaba" nombramientos: Universidad de Leiden, *California Institute of Technology* de Pasadena, *Christ Church College* de Oxford e *Institut for Advanced Study* de Princeton.

Además no paraba de recibir ofertas. Pocos días después de aceptar la del Gobierno español recibió otra del *College* de Francia que también terminaría aceptando (sin embargo, curiosamente, rechazó el ofrecimiento de la Universidad Hebrea de Jerusalén por discrepancias con la manera como esta se dirigía).

Llama la atención que con tal nivel de "pluriempleo", si se me permite la expresión, *Einstein* aceptara la proposición realizada por el Gobierno español. O quizás no tanto, si se considera que la intención de *Einstein* podía ser mantener estancias periódicas en distintos países.

Esta posible intención podría venir avalada por la respuesta del físico alemán a una carta de Pérez de Ayala en la que este le proponía la disponibilidad de una casa, obsequio del gobierno de la República:

"Para un gitano, como yo, que puede permanecer en España solamente un tiempo relativamente corto, sería mucho mejor alojarme en un hotel.

(...) Una casa, como observó correctamente Schopenhauer, es algo parecido a una mujer: más que poseerla, uno es poseído por ella".

Glick y Sánchez Ron afirman que, para *Einstein*, la oferta española tenía un significado claramente político, de apoyo a la Segunda República. Desde luego, la carta que *Einstein* escribió a su amigo, el eminente físico francés, *Paul Langevin* parece darles la razón:

"Puede Vd. pensar que debería haber sido mi deber no aceptar las ofertas española y francesa, ya que mis capacidades actuales en modo alguno se encuentran en proporción con lo que se espera de mi. Sin embargo, bajo las actuales circunstancias, tal rechazo podría haber sido mal interpretado ya que ambas invitaciones eran, al menos en parte, demostraciones políticas que consideré importantes y que no quise echar a perder".

Estos mismos autores sugieren que *Albert Einstein* no pensó nunca en establecerse permanentemente en la capital de España sino que tenía intención de dirigir la cátedra desde el exterior y realizar a Madrid visitas esporádicas.

De hecho, la oferta española llevaba implícita la creación de una segunda cátedra que sería ocupada por un investigador designado directamente por el físico alemán y desde el primer momento tanto *Einstein* como *Yahuda* pensaron que esta circunstancia podría servir para "colocar" a algún científico judío que hubiera tenido que exiliarse de Alemania y que sería quien actuaría de introductor de las teorías einsteinianas en España.

En una carta dirigida a Pérez de Ayala, el 14 de octubre de 1933, *Einstein* sugería que fuera el matemático *Walter Mayer* la persona que ocupara la "ayudantía":

"(...) Propongo a mi actual colega, Profesor Dr. Walter Mayer de Viena. En casi cuatro años de trabajo intensivo con él, he llegado a conocerle como el más talentoso y dedicado matemático entre aquellos con los que he tenido la buena fortuna de trabajar.

(...) Puede trabajar conmigo en mis propias áreas de investigación, y, en segundo lugar, dar clases en aquellos temas de matemática pura en que Vd. y sus colegas de la Universidad crean que existe interés y necesidad.

(...) El profesor Mayer tiene 46 años, habla francés y pronto sabrá suficiente español para poder dar conferencias en ese idioma.

(...) Pienso que sería una buena idea el que Vd. enviase mi propuesta de manera que tal vez el Profesor Mayer pueda comenzar su trabajo incluso antes de mi llegada a Madrid con lo que mi actividad allí comenzaría de manera efectiva".

Otros nombres que se barajaron tras la negativa de *Mayer*, todos de enorme notoriedad, fueron los de *Max Born*, *Fritz London* y *Max von Laue* (este, no judío y ya entonces premio *Nobel*), por poner algunos ejemplos.

En estos términos se expresaba *Einstein* en la carta que dirigió a *Yahuda* el 5 de mayo de 1934:

"Me encuentro en una posición muy embarazosa ahora que el asunto español se ha solucionado de manera positiva. ¿Debería visitar tanto París como Madrid en el corto espacio de un verano y además ser productivo allí? Además, la designación de un profesor que permanecería permanentemente no es, por buenas razones, tan fácil como algunos podrían pensar. El profesor Max von Laue es la primera persona que se me ocurre, aunque no es judío. Laue ha realizado desinteresados esfuerzos para interceder en defensa de sus cole-

gas judíos. Además, ha salido en pública defensa de la teoría de la relatividad. Tiene el Premio Nobel y disfruta con merecimiento de un gran respeto por parte del mundo científico.

(...) Su designación para Madrid representaría, desde un punto de vista práctico, un éxito con respecto al gobierno nazi. Permítame también añadir que de los colegas judíos exiliados más importantes en el campo, todos han sido colocados ya. Especialmente Born en la Universidad de Cambridge; él es el único que posee una estatura científica comparable a la de Laue.

(...) Estoy preocupado por cómo disponer este nombramiento y al mismo tiempo mantener mi propio nombre en un plano muy secundario, de otra manera todo esto haría que las cosas fueran muy difíciles para él, y sus propiedades serían confiscadas. ¿Puedo pedirle, por favor, que consulte acerca de estos asuntos con la gente apropiada? Como en este tema sólo he escuchado su parecer, no tengo, por el momento, ninguna razón para escribir a alguien más".

1. Mayer 2. Born 3. London 4. Von Laue

Y así lo hacía, al mismo destinatario, el 10 de junio de 1934:

"Me he estrujado los sesos acerca de la cátedra española. Aparentemente Laue no quiere ir allí. Vacila mucho e incluso duda si abandonará Alemania (en aquellos momentos, permanecer en Berlín suponía un riesgo para su integridad física por su actitud de defensa permanente de sus colegas judíos).

(...) La situación es muy diferente con respecto a Born. Aparentemente, intenta utilizar esta oferta para establecerse en Inglaterra. Sin embargo, si no lo consigue, probablemente aceptaría la posición en España. Sería bueno que supiésemos pronto cómo están las cosas. Si no resulta lo de Born, designaría al Dr. Leopold Infeld".

Pero, volvamos unos meses hacia atrás. Si manifestar su apoyo a la República había llevado a *Einstein* a aceptar la oferta del Gobierno español, el enconamiento de la situación política, que terminaría con la victoria de la Confederación Española de Derechas Autónomas (CEDA) en las elecciones de noviembre de 1933, se encargaría de dar al traste con el proyecto. Los siguientes documentos dan fe de ello:

"Debido a la situación política, el asunto español se ha desvanecido por el momento; desde el principio Ayala se encontraba extremadamente indignado por el poco fervor con el que se sigue este tema y por consiguiente ya no sigue con él" (Carta de *Abraham Shalom Yahuda* a *Albert Einstein*, el 8 de noviembre de 1933).

"Sus noticias referentes a Madrid y Oxford me hacen muy feliz. (...) Se me quitaría de encima un gran peso si de alguna manera Ayala me librara de la promesa que le hice" (Carta de *Einstein* a *Yahuda*, el 22 de noviembre de 1933).

La realidad es que ni Ayala liberó a *Einstein* de su promesa ni *Yahuda* cejó en sus intentos por conseguir el "Instituto de Investigación *Einstein*" con la prometida segunda cátedra.

De hecho, cuando se cumplía el tercer aniversario de la proclamación de la Segunda República Española, el 14 de abril de 1934, *Yahuda* envió un telegrama a *Einstein* en el que le comunicaba que el Gobierno español acababa de aprobar un presupuesto de 27.000 pesetas para su cátedra, que esta incluía un asistente y que, aunque él podía venir a España cuando así lo decidiera, debía comunicar el nombre del profesor asistente.

Pero, como dice el dicho, "tanto remar para morir en la orilla": *Einstein* eligió Princeton y se quedó en Estados Unidos.

El puerto de Nueva York había sido testigo de la llegada de *Albert Einstein* el 17 de octubre de 1933. Unos meses después, desde su retiro norteamericano, el físico alemán dijo no a las ofertas española y francesa y, de esta manera, Estados Unidos comenzó a perfilarse como su nuevo país de acogida.

Su amigo, el gran físico francés Paul Langevin, lamentó el hecho con estas palabras:

"El Papa de la Física se ha mudado de casa y EE.UU. se ha convertido en el centro mundial de las ciencias naturales".

Cabe preguntarse sobre qué fue lo que ocurrió para que el proyecto español terminara fracasando y, seguramente, no habría una única respuesta.

Ciertamente, el clima político no ayudó en absoluto. Pero las dificultades para encontrar a un profesor asistente y la negativa de *Albert Einstein* a realizar una corta visita a España para, al menos, tomar posesión de su cátedra –aunque se tratara de un acto simbólico– y poner en marcha el Instituto terminaron por dar al traste con lo que, para muchos, hubiera significado ver cumplido un hermoso sueño.

Sueño que, de haberse hecho realidad, pronto se habría desvanecido pues la llegada de la Guerra Civil habría supuesto, inevitablemente, la salida de *Einstein* de España.

ANEXO IV

UN IMPORTANTE ESFUERZO ECONÓMICO

Al decir de muchos, el protocolo establece que hablar de dinero es de mal gusto. Sin duda, eso es así porque las normas protocolarias y las etiquetas sociales las establecen aquellos que no tienen problemas con él.

Vamos a saltarnos esas normas, aunque sea por esta vez, y hablemos de dinero; del dinero que se utilizó para costear el viaje que *Albert Einstein* realizó a nuestro país en el invierno de 1923.

La realidad es que no disponemos de demasiados datos, pero si de los suficientes para dar cuenta de ellos y, de alguna manera, hacernos una idea de lo que, en términos económicos, hubiera supuesto la visita de haberse producido en estos días.

Los comentarios que siguen no pretenden cuestionar en ningún momento las importantes aportaciones, ya expresadas, que el viaje de *Albert Einstein* supuso para la ciencia española, y más concretamente para la física y las matemáticas. Hemos de entender, y así lo hace el que esto escribe, que el impulso que estas disciplinas recibieron con la presencia del físico alemán mereció sobradamente lo invertido.

Pero creo conveniente hacer una reflexión al respecto porque, como quedará demostrado, el pago que *Einstein* recibió no sólo no fue pequeño sino que, me atrevería a decir, tuvo que disgustar a más de una de las muchas mentes preclaras que, en aquellos momentos, poblaban el universo científico y cultural español y que, no olvidemos, percibían anualmente por su trabajo en la universidad la misma cantidad que el físico alemán recibió por tres de las cuatro conferencias que impartió en Madrid

No resultaría exagerado suponer que, más allá de los "popes" de la ciencia, alguno de nuestros científicos y profesores sentiría el agravio en sus propias carnes. Ahora bien, de ser cierta esta suposición, nadie la expresó en voz alta.

El final de la Gran Guerra había producido un cambio de tendencia en la balanza comercial española. El conflicto bélico había servido de paraguas a la economía española y su final condujo a una importante crisis económica. La crisis, que afectó fundamentalmente al sector industrial, se manifestó de diversas formas.

Para empezar, muchas empresas surgidas durante la Primera Guerra Mundial desaparecieron debido a su falta de competitividad. Además se produjo un estancamiento de la producción industrial y ello llevó a una caída de los precios de los productos industriales y a una importante reducción de los beneficios empresariales.

Ya quedó dicho que a comienzos de 1923, unos meses antes de que *Einstein* llegara a Barcelona, la deuda pública del Estado Español ascendía a 16.000 millones de pesetas y los conflictos sociales estaban a la orden del día.

Es en ese escenario de conflicto social, de cientos de miles de trabajadores luchando por unas condiciones de trabajo más dignas y mejores salarios, en el que hay que situar el esfuerzo económico que se realizó para traer a *Albert Einstein* a España.

Pero vayamos a la cuestión. ¿A cuánto ascendió el montante que el genio alemán percibió por las conferencias que impartió en nuestro país y en concepto de gastos personales?

Pues bien, con los datos de que disponemos, la respuesta, por simple que esta parezca, es fácil: una cantidad muy importante para la época.

Hagamos memoria. Si el lector recuerda, los primeros contactos para "traer" a *Einstein* a España se produjeron en la primavera de 1920. En aquel momento, en una de las cartas, el matemático Rey Pastor indicaba al físico alemán que la Diputació de Catalunya había reservado 3.000 pesetas para sus gastos. Lo que desconocemos es si esta cantidad estaba destinada, exclusivamente, a sufragar las conferencias o si incluía, también, los gastos de estancia en la ciudad condal.

Eso en lo que respecta a Barcelona pues, en otra carta, Rey Pastor hacía partícipe a *Einstein* de que la JAE había reservado 2.000 pesetas para la estancia en Madrid, cantidad que podría verse incrementada en el caso de que, finalmente, permaneciera más tiempo en la capital de España.

Como ya sabemos, finalmente *Einstein* no vino a España y las siguientes "negociaciones" tuvieron lugar en el verano de 1922.

En aquellas fechas Esteve Terradas comentó a Rafael Campalans i Puig que había hablado a *Einstein* de 3.000 pesetas indicándole, además, que se podría llegar hasta 4.000 si fuera necesario. Si el lector recuerda, a vuelta de correo, Campalans indicó a Terradas que siguiera adelante con la negociación pues, de llegar esta a buen término, el dinero se terminaría sacando *"de un sitio u otro"*.

Esta vez las negociaciones sí llegaron a "buen puerto". *Albert Einstein* desembarcó en Barcelona medio año después y hemos de suponer que las cantidades "prometidas" fueron las efectivamente percibidas por el sabio alemán.

El expediente 204/1923 del Ayuntamiento de Barcelona con el nombre *"Obsequio al Sabio profesor Albert Einstein, en la Casa Consistorial"* recoge, entre otros documentos, las facturas de los gastos ocasionados por la visita del físico alemán y que, como el nombre del expediente indica, fueron satisfechos por el ayuntamiento.

Expediente que recoge los gastos pagados
por la ciudad de Barcelona a Albert Einstein

La suma total ascendió a ochocientas ochenta y tres pesetas y en ellas estaban incluidos los siguientes gastos: la estancia en el Hotel Colón, la manutención en el restaurante del hotel y siete centros de flores "finas" para la esposa del profesor.

Excmo. Señor

Tengo el honor de acompañar al presente oficio nota y comprobantes de la inversión de la cantidad de OCHOCIENTAS OCHENTITRES Pesetas, votada por V. E. para sufragar los gastos ocurridos con motivo de los obsequios tributados al sabio profesor Albert Einstein, durante su estancia en esta Ciudad, según libramiento nº 1192 de fecha 13 de Junio de 1923.
Dios guarde a V. E. muchos años
Barcelona 7 de Julio de 1923
El Alcalde

Comprobante de los gastos pagados a Einstein por el Ayuntamiento

Relación de los gastos personales pagados a Einstein

Factura de 75 pesetas por tres centros de flores

Gastos de Einstein en el Hotel Colón

Para satisfacer la curiosidad del lector, diré que los ramos de flores costaron entre 15 y 30 pesetas según la floristería de que se tratara (figuran facturas de cuatro distintas: Hortícola Internacional de Ignacio Conillas, Isidro Plana, Viuda de Pedro Bertrán y Pilar Bofill), las habitaciones del hotel (ocuparon dos) 35 pesetas por habitación y noche y, por poner algún otro ejemplo, cada botella de Vichy Catalán (en las facturas aparecen varias) 2,50 pesetas.

Albert Einstein percibió 500 pesetas de la Real Academia de Ciencias y Artes de Barcelona por la Conferencia que impartió el día 27 de febrero en el Salón de Actos de esta institución (como demuestra el documento que se muestra más adelante). Si tenemos en cuenta este dato y el presupuesto que Terradas y Campalans barajaban disponer, para el todavía, en aquel momento, hipotético viaje de *Einstein* a Barcelona, habremos de suponer que por cada una de las otras tres conferencias no percibiría una cantidad menor.

Acuerdo de pago de 500 pesetas por la tercera conferencia en Barcelona

Por lo que respecta a las conferencias impartidas en la capital de España, ya conocimos por el diario *El Debate* que *Einstein* percibió por adelantado el importe de las tres conferencias que impartió en la Facultad de Ciencias de la Universidad Central. Concretamente 4.022 pesetas y 95 céntimos de las que, una vez deducidos los tributos que la legislación española del momento aplicaba a este tipo de actos, resultaba la nada despreciable suma de 3.500 pesetas.

No podemos precisar la cantidad abonada por la cuarta de las conferencias, la impartida en la Residencia de Estudiantes, pero no sería una cantidad muy distinta a la de las anteriores. Tampoco sabemos a cuánto ascendieron los gastos personales de la estancia de *Einstein* en Madrid pero un sencillo cálculo los situaría muy por encima de las 1.000 pesetas, teniendo en cuenta que, *Einstein* y su esposa, permanecieron diez días en esta ciudad.

> Después de comer le fueron entregadas por el secretario de la Facultad de Ciencias 4.022 pesetas y 95 céntimos, cantidad así fijada para que lleguen a manos del sabio las 3.500 que por sus conferencias se le ofrecieron. La razón de la diferencia entre ambas cantidades depende de que la legislación española exige que por utilidades tributen tales pagos el 12 por 100, porcentaje que, unido a las 3.500 pesetas, suman la cantidad entregada. Esto le fué explicado al sabio alemán cuando se le ponía el recibo a la firma, para justificarle la diferencia que aparecía entre lo firmado y lo recibido, y él rogó entonces que se le diese manera de probar este extremo al llegar a su nación, donde se verá obligado a justificar las cantidades cobradas para pagar el impuesto correspondiente si no había tributado ya. El cajero habilitado de la Facultad entregó al señor Einstein un documento justificativo.

Recorte de "El Debate" del 03/03/1923

Como ya comentamos, José Ramón Villanueva Herrero publicó en *El Periódico de Aragón*, el 14 de marzo de 2016, las cantidades percibidas por *Albert Einstein* durante los dos días que permaneció en Zaragoza: 575 pesetas por cada una de las dos conferencias que impartió y 250 pesetas en concepto de gastos personales.

No menos de 8.500 pesetas por las conferencias, y más de 2.000 por los gastos diarios, no son baladíes. Habría incluso quien dijera que se trata de palabras mayores.

Téngase en cuenta que cualquier periódico de los que dieron buena cuenta del viaje de *Einstein* costaba 10 céntimos el ejemplar suelto y 2 pesetas la suscripción mensual. Hoy en día, los grandes periódicos de tirada nacional tienen un precio por ejemplar de 0,99 céntimos de euro, aproximadamente 1.650 veces más que en 1923.

Desgraciadamente los datos correspondientes al IPC, ofrecidos por el Instituto Nacional de Estadística, no se remontan hasta 1923 por lo que cualquier equivalencia que pudiéramos ofrecer entre la peseta de 1923 y la de 2018 sería meramente especulativa y previsiblemente errónea. Podemos, eso sí, realizar un ejercicio de aproximación.

Una peseta de 1936, según las tablas del INE, equivaldría a 235,3 pesetas del año 2000. Sobre la base de estos datos, no nos alejaríamos demasiado de la realidad si consideráramos que una peseta de 1923 habría aumentado su valor más de quinientas veces en el año 2018. Querría ello decir que si los gastos ocasionados por la visita de *Einstein* a España en 1923 se hubieran abonado hoy habrían representado una cantidad muy superior a los 30.000 € (más de cinco millones de las antiguas pesetas).

Al margen de otras consideraciones, más de 10.000 pesetas en 20 días representaban una cantidad ciertamente estimable. Y no debemos olvidar que España era la última etapa de un viaje que había comenzado cuatro meses antes y que había tenido varias escalas.

Albert Einstein era en aquel momento la personalidad más importante del mundo de la ciencia. Todo el mundo se lo disputaba. Por esa razón su tarifa era tan elevada. Atraerlo significaba invertir en futuro.

Y esto, lo sabían los Gobiernos. Lo sabían las Universidades e Instituciones Científicas. Y lo sabía el científico alemán.

Nos equivocamos cuando consideramos actuales algunos comportamientos sociales. Nos guste o no, casi todo estaba ya inventado.

Los mitos del mundo de la musica, las grandes estrellas de Hollywood y los astros del deporte, con sus ganancias multimillonarias, pertenecen a esta época pero tienen sus antecesores y, salvo que los modelos sociales cambien, tendrán sus equivalentes en el futuro.

BIBLIOGRAFÍA

Libros y artículos

Azcárraga, J.A. de.- *Albert Einstein* (1879-1955) y su ciencia. Revista de la Unión Iberoamericana de Sociedades de Física, vol.1. Enero, 2005.

Bonmatí, Bibiana.- Dos puntos de vista sobre las conferencias del profesor *Einstein*. Revista Quark, nº 36. Mayo-Agosto, 2005.

Bosch, Joaquim.- *Albert Einstein*. Una hora con *Einstein*. Revista Quark, nº 36. Mayo-agosto, 2005. (Andrés Révész: Una hora con Einstein. ABC, Madrid 2 de marzo de 1923).

Calvo Pérez, Eloy.- Entre átomos y fotones. Física y Radiología en el Periodo de Entreguerras. Amazon, 2017.

Calvo Pérez, Eloy.- Historias de la Radiología: De *Roentgen* a la Gran Guerra. Amazon, 2017.

Castillo Martos, Manuel.- Einstein en Zaragoza (12 de marzo-14 de marzo de 1923). Páginas 294-296 del libro "Comunicación, Historia y Sociedad. Homenaje a Alfonso Braojos". Universidad de Sevilla, 2001.

Comas i Solà, Josep.- Las conferencias del profesor *Einstein*. Diario "La Vanguardia", miércoles 14 de marzo de 1923, página 16. Reproducido en la revista Quark, nº 36. Mayo-Agosto, 2005.

Criado Cambón, J. Carlos.- *Einstein* en España y su relación con Ortega y Gasset. Paradigma: revista universitaria de cultura. Nº 0, 2005.

Elías Pérez, Carlos.- La cobertura mediática de la visita de *Einstein* a España como modelo de excelencia periodística. Análisis de contenido y de su posible influencia en la física española. ARBOR Ciencia, Pensamiento y Cultura. Nº 728, Noviembre-Diciembre, 2007.

Elías Pérez, Carlos.- La transformación del periodismo científico. El tratamiento en prensa de la visita de *Einstein* a España. Revista Latina de Comunicación Social, nº 4. Abril de 1998. La Laguna (Tenerife).

Fernández Pineda, Cristóbal.- *Einstein* en Madrid: los personajes de una foto histórica. RSEF (2016).

García Barreno, Pedro.- *Albert Einstein* en la Real Academia de Ciencias Exactas, Físicas y Naturales. Publicaciones de la Residencia de Estudiantes. Madrid, 2005.

Glick, T.F.- *Einstein* a Barcelona. Ciència i Societat a la Barcelona d´Entreguerres. Ciència, Revista Catalana de Ciència i Tecnología. Octubre, 1980

Glick, T.F.- *Einstein* y los españoles. Ciencia y sociedad en la España de entreguerras. CSIC. Madrid, 2005.

Glick, T.F.- Tres momentos, tres lugares. Revista Quark, nº 36. Mayo-Agosto, 2005.

Joaquín Boya, Luis.- La visita de *Einstein* a Zaragoza, Marzo 1923.

Macías Capón, Uriel; Moreno Koch, Yolanda; Benito Izquierdo, Ricardo (Coordinadores).- Los judíos en la España contemporánea: historia y visiones, 1898-1998. Colección Humanidades. Ediciones de la Universidad de Castilla-La Mancha. Cuenca, 2000.

Montes-Santiago, J.- El encuentro de *Einstein* y Cajal (Madrid, 1923): un olvidado momento estelar de la humanidad. Revista de Neurología, 2006.

Navarro Veguillas, Luis.- *Einstein* y los comienzos de la física cuántica: de la osadía al desencanto. Revista Investigación y Ciencia, noviembre, 2004.

Quevedo Sarmiento, Jacinto.- *Einstein* y Cabrera, amigos para qué si no. Revista Suma, noviembre 2005.

Requena Fraile, Angel.- *Einstein* y las matemáticas. Revista Suma, noviembre 2005.

Revista Quark.- Cronología del viaje de *Einstein* a España, 1923. Nº 36, 2005.

Roca Rosell, Antoni.- *Einstein* en Barcelona. Revista Quark, nº 36. Mayo-Agosto, 2005.

Roca Rosell, Antoni.- La amable visita de *Einstein* a Barcelona en 1923. Revista Quark, nº 31. Enero-Marzo, 2004.

Roca Rosell, Antoni.- La recepció del pensament d'*Einstein* a Catalunya. Revista de Física, 2º semestre de 1998.

Sallent Del Colombo, Emma; **Roca Rosell, Antoni**.- La cena "relativista" de Barcelona (1923). Revista Quark, nº 36. Mayo-Agosto, 2005.

Sallent Del Colombo, Emma; **Roca Rosell, Antoni**.- Sopar a Barcelona en honor d'Albert Einstein (1923). Revista de Física. Número especial 2005.

Sánchez Ron, J.M.- *Einstein*, el hombre y el científico. La difusión de sus teorías en España. Revista Quark, nº 36. Mayo-Agosto, 2005.

Sánchez Ron, J.M.- 1907-1987. La Junta para Ampliación de Estudios e Investigaciones Científicas, 80 años después. CSIC, Madrid, 1988.

Sánchez Ron, J.M.; *Glick, T.F.*- La España posible de la Segunda República. La oferta de una cátedra extraordinaria a *Albert Einstein* por la Universidad Central (Madrid, 1933). Editorial de la Universidad Complutense, 1983, Madrid.

Soler Ferrán, Pablo.- La teoría de la relatividad en la física y matemática españolas: un capítulo de la historia de la ciencia en España. Tesis Doctoral. Departamento de Lógica y Filosofía de la Ciencia. Facultad de Filosofía. Universidad Complutense de Madrid. Madrid, 2009.

Tallada, Ferrán.- *Einstein* en Barcelona. Diario "La Vanguardia", domingo 4 de marzo de 1923, página 14. Reproducido en la revista Quark, nº 36. Mayo-Agosto, 2005.

Voltes, Pedro.- Rarezas y curiosidades de la historia de España. Ed. Flor del Viento, 2001

Periódicos y revistas de Barcelona

Crónica Social (Tarrasa).- 26 de febrero de 1923.

D´Ací i D´Allà.- Marzo de 1923, número 63.

Día Gráfico.- 28 de febrero de 1923.

Diario de Barcelona.- 2 de marzo de 1923.

El Correo Catalán.- 28 de febrero de 1923.

El Diluvio.- 27 y 28 de febrero de 1923.
            1 de marzo de 1923.

El Francolí (Espluga de Francolí).- 28 de febrero de 1923.

El Liberal (Edición Barcelona).- 28 de febrero de 1923.

El Noticiero Universal.- 27 de febrero de 1923.

El Progreso.- 28 de febrero de 1923.

La Acción (Tarrasa).- 2 de marzo de 1923.

La Campana de Gracia.- 3 de marzo de 1923.

La Publicitat.- 21, 23, 24, 25 y 28 de febrero de 1923.
           4 de marzo de 1923.

La Tribuna.- 26, 27 y 28 de febrero de 1923.

La Vanguardia.- 4 y 14 de marzo de 1923.

La Veu de Catalunya.- 21, 23, 24, 27 y 28 de febrero de 1923.

Papitu.- 7 de marzo de 1923.

Periódicos y revistas de Madrid

ABC.- 2, 6, 7 y 9 de marzo de 1923.
      29 de marzo de 1940.
      10 de noviembre de 2015 (https://www.abc.es).

Blanco y Negro.- 4 y 11 de marzo de 1923.

El Debate.- 24 y 26 de febrero de 1923.
         3 de marzo de 1923.

El Imparcial.- 2, 3, 4, 6, 7, 8, 9, 10, 11 y 14 de marzo de 1923.

El Liberal.- 1, 2, 3, 4, 6, 8, 9 y 11 de marzo de 1923.
        11 de abril de 1933.

El Sol.- 1, 2, 3, 4, 6, 8, 9, 10 y 11 de marzo de 1923.
     11 de abril de 1933.

La Nación.- 15 de abril de 1923.

Mundo Gráfico.- 7 de marzo de 1923.

Periódicos de Zaragoza

El Heraldo de Aragón.- 2, 13, 14 y 15 de marzo de 1923.

El Noticiero.- 11 y 14 de marzo de 1923.

El Periódico de Aragón.- 14 de marzo de 2016.

Otros periódicos

Las Provincias (Valencia).- 4 de marzo de 1923.

La Nueva España (Oviedo).- 4 de enero de 2016.

Páginas Web

https://www.abc.es/internacional/ (Diario de Información General).

http://www.aip.org/ (*American Institute of Physics*).

https://archive.org/ (*Internet Archive*).

http://www.aureliograsa.es/ (Archivo fotográfico Barboza Grasa).

http://barcelofilia.blogspot.com/ (Barcelona antigua).

http://www.bnc.cat/ (ARCA: Archivo de revistas catalanas antiguas).

http://cienciaes.com/ (Divulgación científica).

https://commons.wikimedia.org/ (Enciclopedia Audiovisual Libre).

http://www.csic.es/ (Consejo Superior de Investigaciones Científicas).

http://dipc.ehu.es/ (*Donostia International Physics Center*)

http://www.edicioneslalibreria.es/ (Libros sobre Madrid).

http://einstein.fundaciorecerca.cat/ (Diarios, artículos e imágenes).

https://www.enciclopedia.cat/ (Biblioteca digital en catalán).

https://es.wikipedia.org/ (Enciclopedia de contenido libre).

http://www.ferrantallada.cat/ (Instituto Ferran Tallada de Barcelona).

https://www.flickr.com/ (Plataforma para compartir imágenes).

http://www.fundacionaladren.com/ (Archivo, Biblioteca y publicaciones de Aragón).

http://hemeroteca.abc.es/ (Hemeroteca de *ABC*).

http://hemerotecadigital.bne.es (Hemeroteca digital de la Biblioteca Nacional de España).

https://www.heraldo.es/ (Diario de Información General).

http://www.jae2010.csic.es/ (Junta de Ampliación de Estudios).

http://www.memoriademadrid.es/ (Biblioteca Digital).

https://www.museodelprado.es/ (Museo de bienes artísticos).

https://www.nobelprize.org/ (*Nobel Foundation*).

http://www.pasajealaciencia.es/ (Revista de divulgación científica del IES Antonio de Mendoza de Alcalá la Real).

http://prensahistorica.mcu.es/ (Biblioteca Virtual de Prensa Histórica. Ministerio de Educación, Cultura y Deporte).

http://www.residencia.csic.es/ (Residencia de Estudiantes).

https://revistasuma.es/ (Revista para la enseñanza y el aprendizaje de las matemáticas).

http://xtec.gencat.cat/ (Red Telemática Educativa de Cataluña).

http://zaragozaguia.com/ (Guía de Zaragoza).

Otras fuentes

Ayuntamiento de Barcelona.- Obsequio al Sabio profesor *Albert Einstein*, en la Casa Consistorial. Expediente: Ceremonial, 204/1923.

Radiotelevisión Española.- Pasión por *Einstein*. Los documentales de Cultural.es.

FOTOGRAFÍAS

Portada. *Albert Einstein* en 1922. Derechos: Fundación Nobel.

1. *Albert Einstein* y Blas Cabrera en Madrid. Marzo de 1923. Fuente: www.agenciasinc.es (Servicio de Información y Noticias Científicas). Autor: Agencia *EFE*.

2. Pasaporte suizo de *Einstein* en junio de 1923. Fuente: www.biografiasyvidas.com (Biografías y vidas). Dominio Público.

3. *Albert Einstein* a los 14 años. Fuente: *Wikimedia Commons*. Dominio Público. Autor: Desconocido.

4. *Albert Einstein* y su primera esposa *Mileva Maric* en 1912. Fuente: *Wikimedia Commons*. Dominio Público. Autor: Desconocido.

5. *Einstein* en la Universidad de Berlín en 1920. Fuente: *Wikimedia Commons*. Dominio Público. Autor: Desconocido.

6. Foto oficial del Premio *Nobel*. Fuente: Archivo de la Fundación *Nobel*. Copyright © The Nobel Foundation 1922.

7. *Philipp von Lenard*. Fuente: *Wikimedia Commons*. Dominio Público. Autor: Desconocido.

8. *Albert Einstein* en el Museo de las Ciencias de Granada. Obra de Miguel Barranco López. Fuente: *Wikimedia Commons*. Licencia CC BY-SA 4.0. Autor: *Frobles*.

9. Práxedes Mateo Sagasta y Antonio Cánovas del Castillo. Fuente: *Wikimedia Commons*. Dominio Público. Autores: *Christian Franzen* y Desconocido, respectivamente.

10. Francisco Giner de los Ríos. Fuente: *Wikimedia Commons*. Dominio Público. Autor: Desconocido.

11. Junta de Ampliación de Estudios e Investigaciones Científicas. Fuente: JAE-CSIC.

12. Julio Rey Pastor. Fuente: JAE-CSIC.

13. Esteve Terradas i Illa. Fuente: *Wikimedia Commons*. Dominio Público. Autor: Desconocido.

14. Rafael Campalans i Puig. Fuente: *Wikimedia Commons*. Dominio Público. Autor: Desconocido.

15. Julio Rey Pastor en Buenos Aires, junto al matemático Ernesto García Camarero. Fuente: www.cienciaes.com

16. Esteve Terradas con la Junta de la Sociedad Astronómica de Barcelona. Fuente y Derechos: Archivo Fototeca.cat.

17. La Publicitat del 21 de febrero de 1923. Dominio Público. Foto del autor.

18. Antiguo Hotel Colón. Fuente: www.barcelofilia.blogspot.com

19. Visita de *Einstein* a Santa María de Poblet. Fuente: Mundo Gráfico del 7 de marzo de 1923. Autor: Casimir Lana Sarrate.

20. Visita a L'Espluga de Francolí. Fuente: Mundo Gráfico del 7 de marzo de 1923. Autor: Casimir Lana Sarrate.

21. Grupo Escolar Baixeres. Fuente: Archivo Fotográfico de Barcelona. Autor: F. Ballell.

22. Invitación oficial a la recepción municipal. Fuente: Fuente: www.einstein.fundaciorecerca.cat (Generalitat de Catalunya). Fotografía del autor.

23. Protocolo para el acto del Consell de Cent. Fuente: Fuente: www.einstein.fundaciorecerca.cat (Generalitat de Catalunya). Fotografía del autor.

24. Recepción de honor a *Albert Einstein* en el Ayuntamiento de Barcelona. Fuente: Archivo Fotográfico de Barcelona. Autor: J. M. Sagarra.

25. Josep Comas i Solà. Fuente: *Wikimedia Commons*. Dominio Público. Autor: Desconocido.

26. Ferran Tallada i Comella. Fuente: Institut Ferran Tallada.

27. Invitación para asistir a la tercera de las conferencias de Barcelona. Fuente: www.einstein.fundaciorecerca.cat (Generalitat de Catalunya). Fotografía del autor.

28. El alcalde Enric Maynés excusa su asistencia al acto. Fuente: www.einstein.fundaciorecerca.cat (Generalitat de Catalunya). Fotografía del autor.

29. Angel Pestaña. Fuente: *Wikimedia Commons*. Dominio Público. Autor: Desconocido.

30. Menú de la cena en honor a *Albert Einstein* en casa de Rafael Campalans. Fuente: Archivo Esteve Terradas, Instituto de Estudios Catalanes.

31. Plantilla del FC Barcelona en 1903. Lassaleta aparece sentado a la derecha. Fuente: *Wikimedia Commons*. Dominio Público. Autor: A. A. Artis.

32. *Ulrich von Hassell* enjuiciado en 1944. Fuente: *Wikimedia Commons* (Archivo Federal de Alemania). Licencia CC BY-SA 3.0. Autor: Desconocido.

33. *Einstein* en la Escola Industrial de Barcelona. Fuente: Escuela Técnica Superior de Ingeniería Industrial de Barcelona (ETSEIB), Universidad Politécnica de Cataluña (UPC).

34. *Einstein* en la escollera del puerto de Barcelona. Fuente: Familia Terradas.

35. El puerto de Barcelona con las barcas de paseo (1920). Fuente: Archivo Fotográfico de Barcelona.

36. Josep María de Sagarra. Fuente: Red Telemática Educativa de Cataluña (Generalitat de Catalunya).

37. Despedida a *Albert Einstein* en la Estación de Francia de Barcelona. Fuente: Archivo Fotográfico de Barcelona.

38. Recibí y aceptación del nombramiento de *Albert Einstein* como miembro de la Real Academia de Ciencias y Artes de Barcelona. Fuente: www.einstein.fundaciorecerca.cat (Generalitat de Catalunya). Fotografía del autor.

39. *Einstein*, en su llegada a Madrid, en la Estación de Mediodía. Fuente: Diario *ABC*. Derechos: Colección Artística *ABC*, Madrid.

40. El Hotel Palace madrileño en una tarjeta postal de 1920. Fuente: Biblioteca Digital Memoria de Madrid.

41. *Einstein* en el Laboratorio de Investigaciones Físicas de la Junta de Ampliación de Estudios. Fuente: CSIC.

42. Joaquín Ruiz Giménez hacia 1905. Fuente: *Wikimedia Commons*. Dominio Público. Autor: Manuel Compañy.

43. Tomás Rodríguez Bachiller. Fuente: La Gaceta de la Real Sociedad Matemática Española.

44. *Albert Einstein* junto al rey Alfonso XIII. Fuente y Derechos: Colección Artística *ABC*, Madrid.

45. Santiago Ramón y Cajal hacia 1900. *Fuente: Wikimedia Commons*. Dominio Público

46. Jerónimo González Martínez. Fuente: Francisco Palacios González (www.aulatecnologia.com).

47. Dos instantáneas del viaje de *Einstein* a Toledo. Fuente: Fundación Ortega y Gasset.

48. Manuel Bartolomé Cossío hacia 1920. Fuente: *Wikimedia Commons*. Dominio Público. Autor: José Padró.

49. Gregorio Marañón y Posadillo en 1929. Fuente: *Wikimedia Commons*. Dominio Público. Autor: Desconocido.

50. *Albert Einstein* junto a José Rodríguez Carracido. Fuente: www.revistasuma.es

51. *Einstein* investido Doctor *Honoris Causa* por la Universidad Central. Fuente: Portada del Diario *ABC* del 9 de marzo de 1923. Derechos: Colección Artística *ABC*, Madrid.

52. *Albert Einstein* con los miembros del claustro de la Facultad de Ciencias. Fuente: www.pasajealaciencia.es. Dominio Público.

53. Odón de Buen. Fuente: *Wikimedia Commons* (Mural con técnica de grafiti en Zuera, Zaragoza). Licencia CC BY-SA 3.0.

54. Antonio Fernández Bordas en 1916. Fuente: *Wikimedia Commons*. Dominio Público. Autor: Antonio Cánovas del Castillo y Vallejo (Kaulak).

55. José Ortega y Gasset en 1920. Fuente: *Wikimedia Commons*. Dominio Público. Autor: Desconocido.

56. Salvador Seguí Rubinat, el Noi del Sucre. Fuente: *Wikimedia Commons*. Dominio Público. Autor: Desconocido.

57. *Albert Einstein* y Jerónimo Vecino. Fuente: "Aragón, revista gráfica de cultura aragonesa" (Año VIII, Nº 81, junio 1932). Autor: *Gustavo Freudenthal*.

58. Diario *El Noticiero* del martes 13 de marzo de 1923. Fuente: Ayuntamiento de Zaragoza/ www.zaragoza.es

59. Documento en el que se nombra a *Albert Einstein* miembro de la Academia de Ciencias de Zaragoza. Fuente: Universidad Hebrea de Jerusalén.

60. Fotografía de *Einstein* en el Aula Magna de la antigua Facultad de Medicina y Ciencias de Zaragoza. Autor*:* *Gustavo Freudenthal*.

61. Ricardo Royo Villanova. Fuente: Biblioteca de la Universidad de Zaragoza.

62. Carta de los estudiantes zaragozanos a *Einstein*. Fuente: Diario *El Heraldo de Aragón*. El documento se encuentra en los Archivos *Albert Einstein* de la Universidad Hebrea de Jerusalén.

63. Gustavo Freudenthal trabajando en su estudio. Fuente: Diario *El Heraldo de Aragón*/Universidad de Zaragoza.

64. Antonio de Gregorio Rocasolano. Fuente: Fundación Gaspar Torrente para la investigación y desarrollo del aragonesismo.

65. *Einstein* en el laboratorio de Rocasolano. Fuente: Diario *El Heraldo de Aragón*/Revista del Centre de Lectura de Reus del año 1923. Autor: Antonio Rius.

66. *Einstein* con *"Lina"*. Fuente: www.violinar.blogspot.com. Dominio Público.

67. La mayoría de los diarios recogieron la visita de *Albert Einstein* a España. Fotografía del autor. Dominio Público.

68. *Einstein* en Madrid. Tinta a pluma y trazas de grafito sobre papel, 22 x 17,5 cm. Fuente: Publicada en *ABC* el 6 de marzo de 1923. Autor: Sileno. Derechos: Colección Artística *ABC*, Madrid.

69. Las Conferencias de *Einstein* (Doctor *Honoris Causa* de la Universidad Central). Tinta a pluma y trazas de grafito sobre papel, 21,6 x 27 cm. Fuente: Publicada en *ABC* el 3 de marzo de 1923. Autor: Sileno. Derechos: Colección Artística *ABC*, Madrid.

70. El profesor *Einstein*, inventor de la Teoría de la Relatividad. Tinta a pluma y trazas de grafito sobre papel, 22 x 17,5 cm. Fuente: Publicada en *ABC* el 6 de marzo de 1923. Autor: Fresno. Derechos: Colección Artística *ABC*, Madrid.

71. *Einstein* con Josep Puig i Cadafalch en Tarrasa el 26 de febrero de 1923. Fuente: Archivo General de la Administración, Alcalá de Henares, Madrid. Autor: Casimiro Lana.

72. *Albert* y *Elsa Einstein* fotografiados durante su estancia en Madrid. Fuente: Archivo General de la Administración, Alcalá de Henares, Madrid. Autor: Díaz.

73. Obras de los maestros que *Albert Einstein* cita, en su diario, tras sus visitas al Museo del Prado: 1. Diego Velázquez (Las Meninas); 2. Francisco de Goya (El tres de mayo de 1908 en Madrid); 3. *Rafael Sanzio* (El Cardenal); 4. *Fra Angélico* (La Anunciación); 5. *El Greco* (El caballero de la mano en el pecho). Fuente: *Wikimedia Commons* (Colección Museo del Prado). Dominio Público. Fotografía del autor.

74. *Albert Einstein* conversa con el matemático andaluz Pedro Pineda (Centro) durante su paso por Zaragoza. Fuente: *Flickr*. Todos los derechos reservados por GAZA (Gran Archivo Zaragoza).

75. *Andrés Révész* (1947). Fuente: Biblioteca Nacional de Chile.

76. *Andrés Révész* posando para el escultor Emilio Laiz Campos. Fuente: www.abc.es/internacional Derechos: Colección Artística *ABC*, Madrid.

77. Ramón Pérez de Ayala (Sorolla, 1920). Fuente: *Wikimedia Commons*. Dominio Público. Autor: Joaquín Sorolla y Bastida.

78. *Abraham Shalom Yahuda* (1916). Fuente: BNI (*Business Network International*).

79. Pérez de Ayala, *Einstein* y *Yahuda* en Holanda. Fuente y Derechos: Colección Artística *ABC*, Madrid.

80. *Walter Mayer, Max Born, Fritz London* y *Max von Laue*. *Wikimedia Commons* (*Mayer, Born* y *von Laue*: Dominio Público; *London*: Licencia CC BY 3.0).

81. Expediente que recoge los gastos pagados por la ciudad de Barcelona a *Albert Einstein*. Fuente: Obsequi ofert al professor *Albert Einstein* a la Casa Consistorial, 1923. Fons Ajuntament de Barcelona B101 Actes protocol-laris, expedient núm. 2041923 (Dossier complert).

82. Comprobante de los gastos pagados a *Einstein* por el Ayuntamiento. Fuente: Obsequi ofert al professor *Albert Einstein* a la Casa Consistorial, 1923. Fons Ajuntament de Barcelona B101 Actes protocol-laris, expedient núm. 2041923 (Dossier complert).

83. Relación de los gastos personales pagados a *Einstein* por el Ayuntamiento de Barcelona. Fuente: Obsequi ofert al professor *Albert Einstein* a la Casa Consistorial, 1923. Fons Ajuntament de Barcelona B101 Actes protocol-laris, expedient núm. 2041923 (Dossier complert).

84. Factura de 75 pesetas por centros de flores. Fuente: Obsequi ofert al professor *Albert Einstein* a la Casa Consistorial, 1923. Fons Ajuntament de Barcelona B101 Actes protocol-laris, expedient núm. 2041923 (Dossier complert).

85. Gastos de *Einstein* en el Hotel Colón. Fuente: Obsequi ofert al professor *Albert Einstein* a la Casa Consistorial, 1923. Fons Ajuntament de Barcelona B101 Actes protocol-laris, expedient núm. 2041923 (Dossier complert).

86. Acuerdo de pago de 500 pesetas por la tercera conferencia en Barcelona. Fuente: www.einstein.fundaciorecerca.cat (Generalitat de Catalunya).

87. Recorte de *El Debate* del 03/03/1923. Fuente: Diario *El Debate*. Fotografía del autor. Dominio Público.